달달 풀고 곰곰 생각하는

달곰한 계산력

초등 2-1

디지털 교육 컨텐츠를 전문적으로 제작하고 공유하여
교실과 학교, 교육의 변화를 꿈꾸는
현직 교사로 이루어진 전국 단위 전문적 학습 공동체입니다.

지 은 이 NE능률 수학교육연구소
참쌤스쿨 정예림
개발책임 차은실
개 발 한아름, 김다은, 김건희
디 자 인 오영숙, 한새미, 황유진
일러스트 이상화
영 업 한기영, 이경구, 박인규, 정철교, 김남준, 이우현
마 케 팅 박혜선, 남경진, 이지원, 김여진
펴 낸 이 주민홍
펴 낸 곳 서울시 마포구 월드컵북로 396(상암동) 누리꿈스퀘어 비즈니스타워 10층
㈜NE능률 (우편번호 03925)
펴 낸 날 2023년 11월 1일 초판 제1쇄
2024년 1월 5일 초판 제2쇄
전 화 02 2014 7114
팩 스 02 3142 0357
홈페이지 www.neungyule.com
등록번호 제1-68호

고객센터
교재 내용 문의: contact.nebooks.co.kr (별도의 가입 절차 없이 작성 가능)
제품 구매, 교환, 불량, 반품 문의: 02 2014 7114
☎ 전화 문의는 본사 업무 시간 중에만 가능합니다.

수학 공부를 하다 보면 이해가 안 돼서 어렵고, 또 재미도 없고…….

그래서 수학 공부를 하기 싫은 적이 있지 않나요?

수학이 어려운 가장 큰 이유는 지금 배우고 있는 수학 개념들이 대부분 글로 된 딱딱한 설명과 식으로 되어 있기 때문이죠.

그래서 설명을 읽어도 모르겠고, 식을 봐도 이해가 되지 않는 것이랍니다.

하지만! 어려운 수학 개념을 너무나 쉽게 이해할 수 있는 방법!

바로 비주얼 싱킹을 활용해서 수학 개념을 이해하고 문제를 풀어 보는 것이지요.

여러분들이 이해하기 쉽게 수학 개념을 풀어놓은 달곰한 계산력으로 수학 공부를 재미있게 해 보세요!

달곰한 계산력 한눈에 보기

1

학교 선생님이 아이들의 눈높이에 맞추어
설명한 연산 개념을 담았어요.

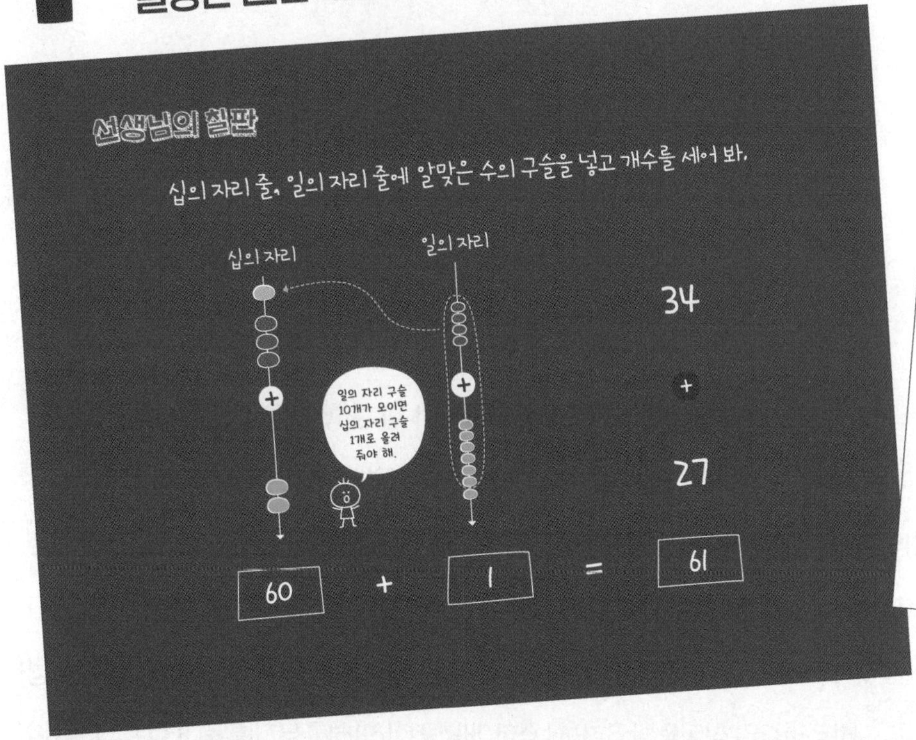

2

개념을 다시 한번 짚어주는 지문을 읽고
충분히 연습해요.

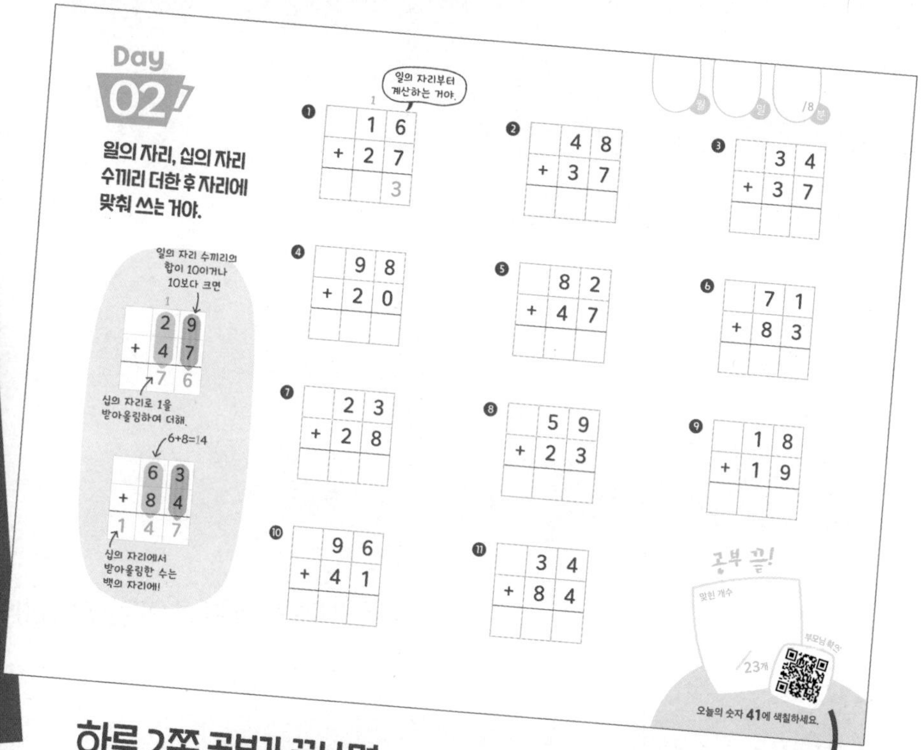

하루 2쪽 공부가 끝나면
QR로 빠르게 채점하고, 로직을 완성해요.

3

단계별 학습이 끝나면
재미있는 놀이 연산으로 연산 실력을 UP!

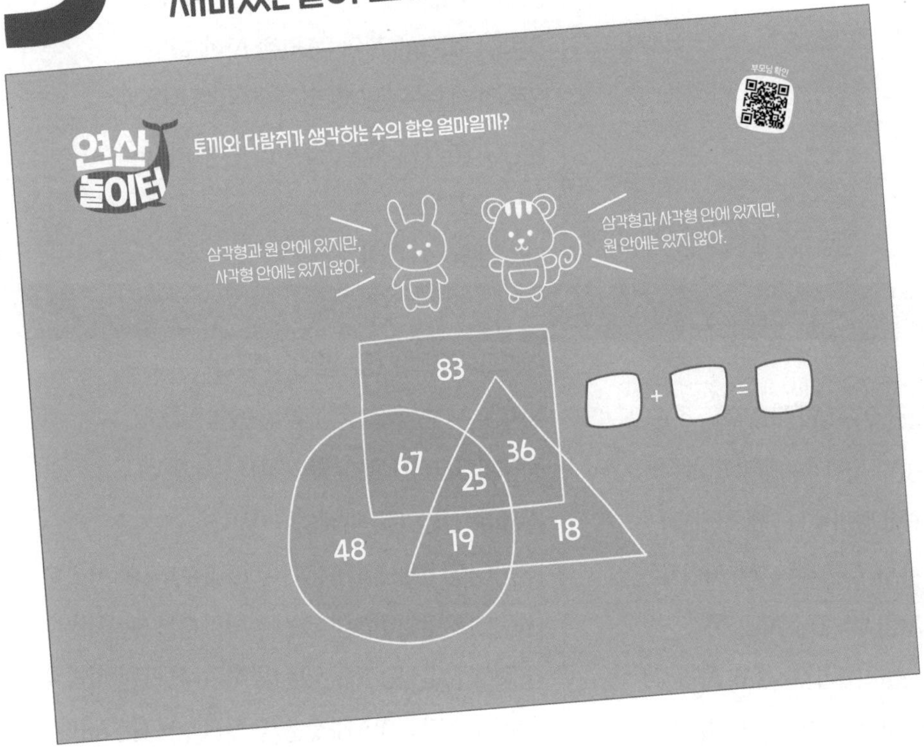

1~4단계, 5~9단계, 1~9단계 범위에 따라
연산 실력을 점검해 봐요.

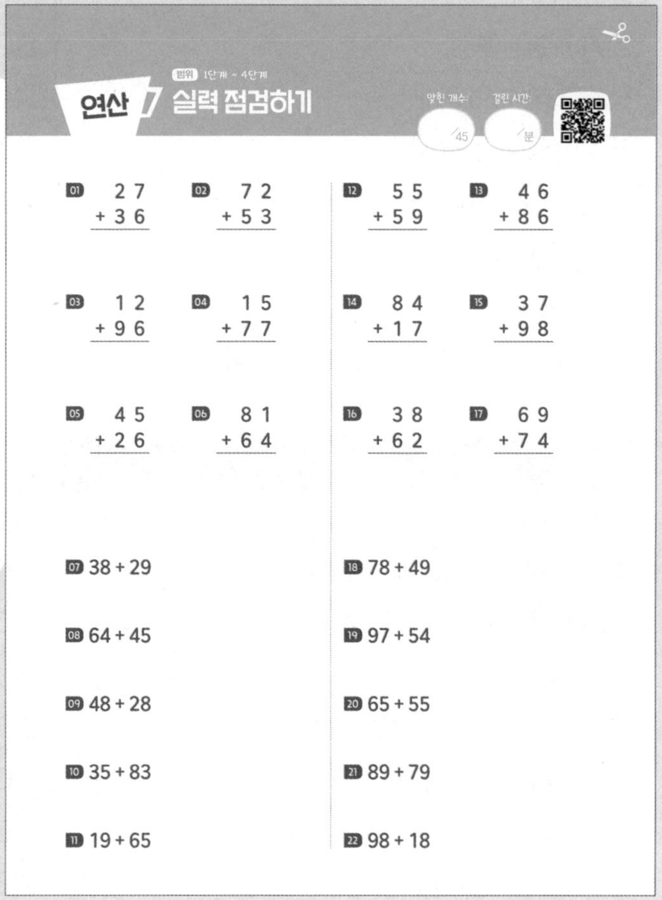

범위 1단계 ~ 4단계

연산 실력 점검하기

맞힌 개수: /45 걸린 시간: 분

01 27 + 36
02 72 + 53
03 12 + 96
04 15 + 77
05 45 + 26
06 81 + 64
07 38 + 29
08 64 + 45
09 48 + 28
10 35 + 83
11 19 + 65
12 55 + 59
13 46 + 86
14 84 + 17
15 37 + 98
16 38 + 62
17 69 + 74
18 78 + 49
19 97 + 54
20 65 + 55
21 89 + 79
22 98 + 18

권별 학습 내용

1-1	2-1	3-1
수를 모으고 가르기	받아올림이 한 번 있는 (두 자리 수)+(두 자리 수)	(몇십)×(몇)
합이 9까지인 덧셈	받아올림이 두 번 있는 (두 자리 수)+(두 자리 수)	올림이 없는 (두 자리 수)×(한 자리 수)
한 자리 수의 뺄셈	받아내림이 있는 (두 자리 수)-(두 자리 수)	십의 자리에서 올림이 있는 (두 자리 수)×(한 자리 수)
덧셈과 뺄셈의 관계	덧셈식, 뺄셈식에서 □의 값 구하기	일의 자리에서 올림이 있는 (두 자리 수)×(한 자리 수)
세 수의 덧셈과 뺄셈	같은 수를 여러 번 더하기	올림이 두 번 있는 (두 자리 수)×(한 자리 수)
(몇십)+(몇), (몇)+(몇십)	2단, 5단 곱셈구구	올림이 없는 (세 자리 수)×(한 자리 수)
(몇십몇)+(몇), (몇십몇)-(몇)	3단, 6단 곱셈구구	올림이 한 번 있는 (세 자리 수)×(한 자리 수)
(몇십)+(몇십), (몇십)-(몇십)	4단, 8단 곱셈구구	올림이 여러 번 있는 (세 자리 수)×(한 자리 수)
(몇십몇)+(몇십몇), (몇십몇)-(몇십몇)	7단, 9단 곱셈구구	나눗셈의 기초
		나눗셈의 몫 구하기

1-2	2-2	3-2
10을 모으고 가르기	곱셈구구 종합	(몇십)×(몇십), (몇십몇)×(몇십)
10이 되는 더하기, 10에서 빼기	받아올림이 없는 (세 자리 수)+(세 자리 수)	올림이 한 번 있는 (몇십몇)×(몇십몇)
두 수의 합이 10인 세 수의 덧셈	받아올림이 한 번 있는 (세 자리 수)+(세 자리 수)	올림이 여러 번 있는 (몇십몇)×(몇십몇)
받아올림이 있는 (몇)+(몇)	받아올림이 두 번 있는 (세 자리 수)+(세 자리 수)	(몇십)÷(몇), (몇백몇십)÷(몇)
두 수의 차가 10인 세 수의 뺄셈	받아올림이 세 번 있는 (세 자리 수)+(세 자리 수)	내림이 없고 나머지가 없는 (두 자리 수)÷(한 자리 수)
받아내림이 있는 (십몇)-(몇)	받아내림이 없는 (세 자리 수)-(세 자리 수)	내림이 있고 나머지가 없는 (두 자리 수)÷(한 자리 수)
덧셈과 뺄셈의 관계	받아내림이 한 번 있는 (세 자리 수)-(세 자리 수)	내림이 없고 나머지가 있는 (두 자리 수)÷(한 자리 수)
받아올림이 있는 (몇십몇)+(몇)	받아내림이 두 번 있는 (세 자리 수)-(세 자리 수)	내림이 있고 나머지가 있는 (두 자리 수)÷(한 자리 수)
받아내림이 있는 (몇십몇)-(몇)		백의 자리부터 몫을 구하는 (세 자리 수)÷(한 자리 수)
세 수의 덧셈과 뺄셈		백의 자리 수가 나누는 수보다 작은 (세 자리 수)÷(한 자리 수)

4 - 1	5 - 1	6 - 1
(몇백)×(몇십), (몇십)×(몇백)	덧셈과 뺄셈, 곱셈과 나눗셈이 섞여 있는 식	(자연수)÷(자연수), (진분수)÷(자연수)
(세 자리 수)×(몇십)	괄호가 없는 자연수의 혼합 계산	곱셈으로 계산하는 (진분수)÷(자연수)
(세 자리 수)×(두 자리 수)	괄호가 있는 자연수의 혼합 계산	(가분수)÷(자연수), (대분수)÷(자연수)
(몇백몇십)÷(몇십)	약수와 공약수, 배수와 공배수	(진분수)÷(진분수)
(두 자리 수)÷(몇십)	공약수와 최대공약수	(자연수)÷(진분수)
(세 자리 수)÷(몇십)	공배수와 최소공배수	(가분수)÷(진분수), (대분수)÷(진분수)
(두 자리 수)÷(두 자리 수)	약분과 통분	각 자리에서 나누어떨어지지 않는 (소수)÷(자연수)
몫이 한 자리 수인 (세 자리 수)÷(두 자리 수)	분모가 다른 진분수의 덧셈	0을 내리거나 몫에 0이 포함된 (소수)÷(자연수)
몫이 두 자리 수인 (세 자리 수)÷(두 자리 수)	분모가 다른 대분수의 덧셈	몫이 소수인 (자연수)÷(자연수)
	분모가 다른 진분수의 뺄셈	비와 비율
	분모가 다른 대분수의 뺄셈	백분율

4 - 2	5 - 2	6 - 2
대분수를 가분수로, 가분수를 대분수로 나타내기	어림하기	자릿수가 같은 (소수)÷(소수)
진분수의 덧셈	(분수)×(자연수)	자릿수가 다른 (소수)÷(소수)
대분수의 덧셈	(자연수)×(분수)	(자연수)÷(소수)
진분수의 뺄셈	(진분수)×(진분수)	몫을 반올림하여 나타내기
받아내림이 없는 대분수의 뺄셈	(대분수)×(대분수)	나누어 주고 남는 양
(자연수)-(분수)	세 분수의 곱셈	자연수, 분수, 소수의 혼합 계산
받아내림이 있는 대분수의 뺄셈	소수와 자연수의 곱셈	간단한 자연수의 비로 나타내기
자릿수가 같은 소수의 덧셈	(소수)×(소수)	비례식
자릿수가 다른 소수의 덧셈	분수와 소수의 혼합 계산	비례배분
자릿수가 같은 소수의 뺄셈		
자릿수가 다른 소수의 뺄셈		

44일 완성, 연산 지도법

단계	공부 내용	이렇게 지도해요	공부 날	쪽수
1단계	받아올림이 한 번 있는 (두 자리 수)+(두 자리 수)	일의 자리 또는 십의 자리에서 받아올림이 있는 덧셈입니다. '왜 같은 자리끼리 계산하는지' 생각며 계산해 봅니다.	DAY 1	10쪽
			DAY 2	12쪽
			DAY 3	14쪽
			DAY 4	16쪽
			DAY 5	18쪽
2단계	받아올림이 두 번 있는 (두 자리 수)+(두 자리 수)	일의 자리와 십의 자리에서 받아올림이 있는 두 자리 수끼리의 덧셈입니다. 아랫 자리에서 10이 윗자리에서 1이 됨을 생각하여 받아올림 표시를 할 수 있도록 지도해 주세요.	DAY 6	24쪽
			DAY 7	26쪽
			DAY 8	28쪽
			DAY 9	30쪽
			DAY 10	32쪽
3단계	받아내림이 있는 (두 자리 수)−(두 자리 수)	십의 자리에서 받아내림이 있는 두 자리 수끼리의 뺄셈입니다. 받아내림 표시를 하여 계산 실수가 없도록 지도해 주세요.	DAY 11	38쪽
			DAY 12	40쪽
			DAY 13	42쪽
			DAY 14	44쪽
			DAY 15	46쪽
4단계	덧셈식, 뺄셈식에서 □의 값 구하기	세 수로 2개의 덧셈식과 2개의 뺄셈식을 만들어 보면서 덧셈과 뺄셈의 관계를 이해하고 미지수가 있는 식을 변형하는 연습을 해 봅니다.	DAY 16	52쪽
			DAY 17	54쪽
			DAY 18	56쪽
			DAY 19	58쪽
			DAY 20	60쪽
5단계	같은 수를 여러 번 더하기	같은 수를 여러 번 더하는 것을 간단히 곱셈으로 나타낸다는 약속을 학습하고 곱하기 기호를 배웁니다. 곱셈의 기초가 되므로 덧셈과 곱셈의 관계에 집중하여 지도해 주세요.	DAY 21	66쪽
			DAY 22	68쪽
			DAY 23	70쪽
			DAY 24	72쪽

단계	공부 내용	이렇게 지도해요	공부 날	쪽수
6단계	2단, 5단 곱셈구구	2씩, 5씩 커지는 곱을 생각하며 충분한 연습을 통해 능숙하게 외울 수 있도록 지도해 주세요.	DAY 25	78쪽
			DAY 26	80쪽
			DAY 27	82쪽
			DAY 28	84쪽
			DAY 29	86쪽
7단계	3단, 6단 곱셈구구	충분한 연습을 통해 각 단의 곱셈구구를 외우면서 3단과 6단 곱셈구구의 관계도 생각해 봅니다.	DAY 30	92쪽
			DAY 31	94쪽
			DAY 32	96쪽
			DAY 33	98쪽
			DAY 34	100쪽
8단계	4단, 8단 곱셈구구	충분한 연습을 통해 각 단의 곱셈구구를 외우면서 4단과 8단 곱셈구구의 관계도 생각해 봅니다.	DAY 35	106쪽
			DAY 36	108쪽
			DAY 37	110쪽
			DAY 38	112쪽
			DAY 39	114쪽
9단계	7단, 9단 곱셈구구	7씩, 9씩 커지는 곱을 생각하며 충분한 연습을 통해 능숙하게 외울 수 있도록 지도해 주세요.	DAY 40	120쪽
			DAY 41	122쪽
			DAY 42	124쪽
			DAY 43	126쪽
			DAY 44	128쪽

01

받아올림이 한 번 있는 (두 자리 수)+(두 자리 수)

이번에는 무엇을 배울까?

세 수의 덧셈과 뺄셈

받아올림이 한 번 있는 (두 자리 수)+(두 자리 수)

받아올림이 두 번 있는 (두 자리 수)+(두 자리 수)

이렇게 지도해요!

❶ 먼저 설명해 주세요.

자리를 나타내는 줄과 값을 나타내는 구슬을 사용하여 받아올림이 한 번 있는 두 자리 수의 덧셈을 그림으로 표현했습니다. 아이와 함께 구슬을 10개씩 묶어 바로 윗자리로 올려 보면서 받아올림이 있는 덧셈 방법을 익힙니다.

❷ 수를 이해하며 계산해요.

설명과 이어지는 그림을 이용하여 Day1에서 재미있게 문제를 풉니다.

❸ 충분히 연습해요.

Day2~Day5의 문제 풀이를 통해 수를 이해하는 힘을 기르고, 자릿값 개념을 바탕으로 받아올림의 원리를 이해합니다.

스스로 계획을 세워요!

	공부할 날짜	목표 시간	복습할 날짜
Day 01 44	월 / 일	분 / 10개	월 / 일
Day 02 44	월 / 일	분 / 23개	월 / 일
Day 03 44	월 / 일	분 / 33개	월 / 일
Day 04 44	월 / 일	분 / 34개	월 / 일
Day 05 44	월 / 일	분 / 34개	월 / 일

선생님의 칠판

십의 자리 줄, 일의 자리 줄에 알맞은 수의 구슬을 넣고 개수를 세어 봐.

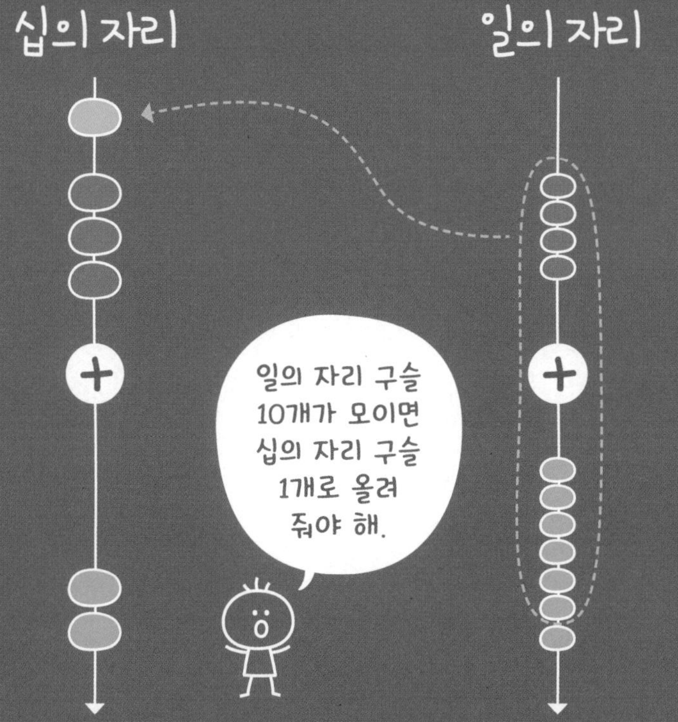

34

\+

27

60 + 1 = 61

Day 01

각 자리에 ⊂⊃를 그리고 10개가 되면 윗자리의 ⊂⊃ 1개로 바꾸자. 그리고 같은 자리 수끼리 더하면 돼.

❶ 십 일

28 + 42

7 0 □

❷ 십 일

52 + 19

□ □ □

❸ 십 일

57 + 23

□ □ □

❹ 십 일

16 + 37

□ □ □

❺ 십 일

44 + 38

□ □ □

❻ 백 십 일

84 + 65

❼ 백 십 일

92 + 16

❽ 백 십 일

47 + 80

❾ 백 십 일

75 + 61

❿ 백 십 일

56 + 83

공부 끝!

맞힌 개수 /10개

부모님 확인

오늘의 숫자 **38**에 색칠하세요.

Day 02

일의 자리, 십의 자리 수끼리 더한 후 자리에 맞춰 쓰는 거야.

일의 자리 수끼리의 합이 10이거나 10보다 크면

	1	
	2	9
+	4	7
	7	6

십의 자리로 1을 받아올림하여 더해.

6+8=14

	6	3
+	8	4
1	4	7

십의 자리에서 받아올림한 수는 백의 자리에!

일의 자리부터 계산하는 거야.

❶

	1	
	1	6
+	2	7
		3

❷

	4	8
+	3	7

❸

	3	4
+	3	7

❹

	9	8
+	2	0

❺

	8	2
+	4	7

❻

	7	1
+	8	3

❼

	2	3
+	2	8

❽

	5	9
+	2	3

❾

	1	8
+	1	9

❿

	9	6
+	4	1

⓫

	3	4
+	8	4

⓬

	1	2
+	9	7

⑬ 72 + 94 =

	7	2
+	9	4

❶ 자리에 맞춰 쓰고

❷ 같은 자리 수끼리 더하기

⑭ 91 + 82 =

⑮ 60 + 65 =

⑯ 32 + 73 =

⑰ 34 + 56 =

⑱ 36 + 36 =

⑲ 48 + 45 =

⑳ 18 + 67 =

㉑ 44 + 37 =

㉒ 62 + 75 =

㉓ 15 + 29 =

공부 끝!

맞힌 개수 /23개

부모님 확인

오늘의 숫자 **41**에 색칠하세요.

Day 03

일의 자리부터 차례로 계산해야 받아올림한 1을 더할 수 있어.

$$\begin{array}{r} {}^{1} \\ 25 \\ +\,57 \\ \hline 82 \end{array}$$

1+2+5=8

❶ $\begin{array}{r} 12 \\ +\,18 \\ \hline \end{array}$

❷ $\begin{array}{r} 36 \\ +\,38 \\ \hline \end{array}$

❸ $\begin{array}{r} 29 \\ +\,27 \\ \hline \end{array}$

❹ $\begin{array}{r} 72 \\ +\,87 \\ \hline \end{array}$

❺ $\begin{array}{r} 27 \\ +\,91 \\ \hline \end{array}$

❻ $\begin{array}{r} 56 \\ +\,82 \\ \hline \end{array}$

❼ $\begin{array}{r} 13 \\ +\,28 \\ \hline \end{array}$

❽ $\begin{array}{r} 39 \\ +\,46 \\ \hline \end{array}$

❾ $\begin{array}{r} 64 \\ +\,28 \\ \hline \end{array}$

❿ $\begin{array}{r} 19 \\ +\,34 \\ \hline \end{array}$

⓫ $\begin{array}{r} 40 \\ +\,63 \\ \hline \end{array}$

⓬ $\begin{array}{r} 32 \\ +\,85 \\ \hline \end{array}$

⓭ $\begin{array}{r} 42 \\ +\,97 \\ \hline \end{array}$

⓮ $\begin{array}{r} 84 \\ +\,41 \\ \hline \end{array}$

가로셈에서도 받아올림
표시를 할 수 있어.

1

⑮ 66 + 15

⑯ 71 + 19

⑰ 55 + 29

⑱ 27 + 26

⑲ 75 + 43

⑳ 81 + 58

㉑ 72 + 94

㉒ 84 + 63

㉓ 58 + 35

㉔ 49 + 22

㉕ 28 + 36

㉖ 25 + 17

㉗ 94 + 51

㉘ 82 + 96

㉙ 76 + 83

㉚ 83 + 24

㉛ 35 + 92

㉜ 44 + 39

㉝ 91 + 93

공부 끝!

맞힌 개수

/33개

부모님 확인

오늘의 숫자 **36**에 색칠하세요.

Day 04

받아올림한 1을
자리에 맞게 표시하면
실수를 줄일 수 있어.

❶ $93 + 26$

❷ $42 + 64$

❸ $30 + 92$

❹ $16 + 17$

❺ $29 + 59$

❻ $47 + 45$

❼ $43 + 28$

❽ $52 + 75$

❾ $27 + 81$

❿ $85 + 84$

⓫ $63 + 74$

⓬ $69 + 24$

⓭ $13 + 49$

⓮ $15 + 55$

⓯ $24 + 18$

⑯ 91 + 68

⑰ 42 + 84

⑱ 83 + 93

⑲ 75 + 62

⑳ 77 + 14

㉑ 55 + 18

㉒ 33 + 27

㉓ 29 + 12

㉔ 73 + 35

㉕ 54 + 95

㉖ 47 + 70

㉗ 82 + 86

㉘ 19 + 64

㉙ 37 + 16

㉚ 38 + 39

㉛ 29 + 35

㉜ 31 + 49

㉝ 63 + 82

㉞ 46 + 29

공부 끝!

맞힌 개수 /34개

부모님 확인

오늘의 숫자 **48**에 색칠하세요.

Day 05

받아올림한 1을 더하는 것을 잊지 마.

❶ $\begin{array}{r} 46 \\ +\ 73 \\ \hline \end{array}$

❷ $\begin{array}{r} 80 \\ +\ 57 \\ \hline \end{array}$

❸ $\begin{array}{r} 76 \\ +\ 90 \\ \hline \end{array}$

❹ $\begin{array}{r} 19 \\ +\ 27 \\ \hline \end{array}$

❺ $\begin{array}{r} 27 \\ +\ 28 \\ \hline \end{array}$

❻ $\begin{array}{r} 46 \\ +\ 24 \\ \hline \end{array}$

❼ $\begin{array}{r} 36 \\ +\ 18 \\ \hline \end{array}$

❽ $\begin{array}{r} 74 \\ +\ 82 \\ \hline \end{array}$

❾ $\begin{array}{r} 61 \\ +\ 63 \\ \hline \end{array}$

❿ $\begin{array}{r} 86 \\ +\ 42 \\ \hline \end{array}$

⓫ $\begin{array}{r} 67 \\ +\ 41 \\ \hline \end{array}$

⓬ $\begin{array}{r} 66 \\ +\ 25 \\ \hline \end{array}$

⓭ $\begin{array}{r} 54 \\ +\ 29 \\ \hline \end{array}$

⓮ $\begin{array}{r} 75 \\ +\ 17 \\ \hline \end{array}$

⓯ $\begin{array}{r} 59 \\ +\ 33 \\ \hline \end{array}$

⑯ 43 + 92

⑰ 81 + 61

⑱ 62 + 57

⑲ 94 + 33

⑳ 15 + 26

㉑ 38 + 14

㉒ 29 + 68

㉓ 59 + 35

㉔ 95 + 94

㉕ 54 + 50

㉖ 31 + 86

㉗ 53 + 76

㉘ 67 + 17

㉙ 77 + 18

㉚ 32 + 49

㉛ 46 + 24

㉜ 73 + 74

㉝ 49 + 17

㉞ 93 + 85

공부 끝!

맞힌 개수 /34개

부모님 확인

오늘의 숫자 **2**에 색칠하세요.

연산 놀이터

부모님 확인

토끼와 다람쥐가 생각하는 수의 합은 얼마일까?

삼각형과 원 안에 있지만,
사각형 안에는 있지 않아.

삼각형과 사각형 안에 있지만,
원 안에는 있지 않아.

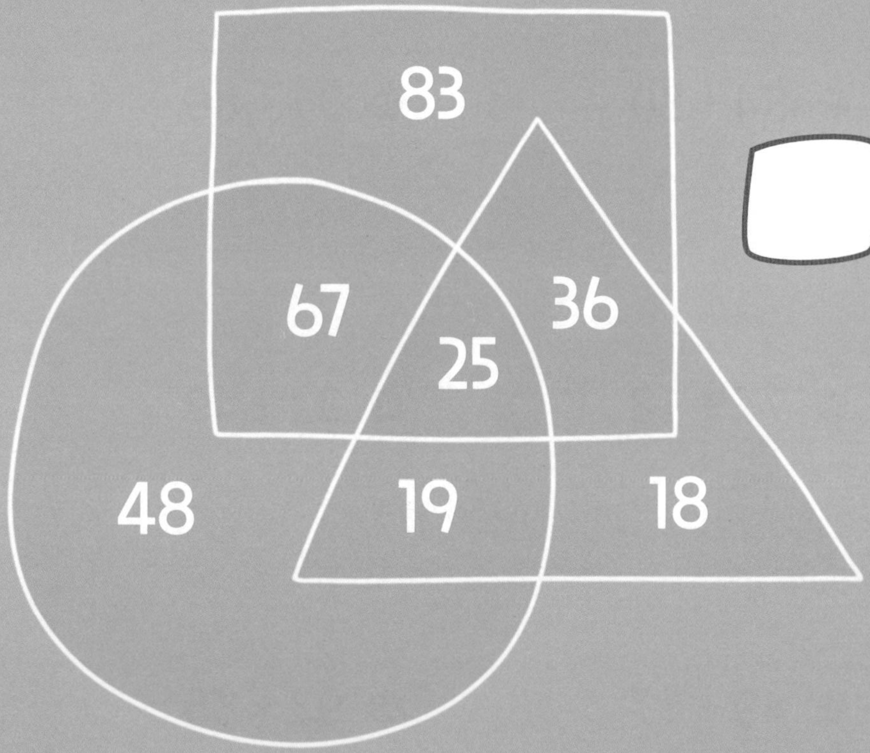

☐ + ☐ = ☐

02

받아올림이 두 번 있는 (두 자리 수)+(두 자리 수)

이번에는 무엇을 배울까?

받아올림이 한 번 있는 (두 자리 수)+(두 자리 수)

받아올림이 두 번 있는 (두 자리 수)+(두 자리 수)

받아내림이 있는 (두 자리 수)-(두 자리 수)

이렇게 지도해요!

❶ 먼저 설명해 주세요.

1단계와 같은 그림을 사용하여 받아올림이 두 번 있는 두 자리 수의 덧셈을 설명했습니다. 받아올림 횟수와 상관없이 구슬을 10개씩 묶어 바로 윗자리로 올리는 원리는 같음을 이해합니다.

❷ 수를 이해하며 계산해요.

설명과 이어지는 그림을 이용하여 Day6에서 재미있게 문제를 풉니다.

❸ 충분히 연습해요.

Day7~Day10의 문제 풀이를 통해 수를 이해하는 힘을 기르고, 받아올림이 있는 덧셈 알고리즘을 익혀 빠르고 정확한 계산력을 기릅니다.

스스로 계획을 세워요!

	공부할 날짜	목표 시간	복습할 날짜
Day 06 (44)	월 / 일	분 / 10개	월 / 일
Day 07 (44)	월 / 일	분 / 24개	월 / 일
Day 08 (44)	월 / 일	분 / 33개	월 / 일
Day 09 (44)	월 / 일	분 / 34개	월 / 일
Day 10 (44)	월 / 일	분 / 34개	월 / 일

선생님의 칠판

어느 자리든 구슬 10개가 모이면 윗자리 구슬 1개로 올림해.

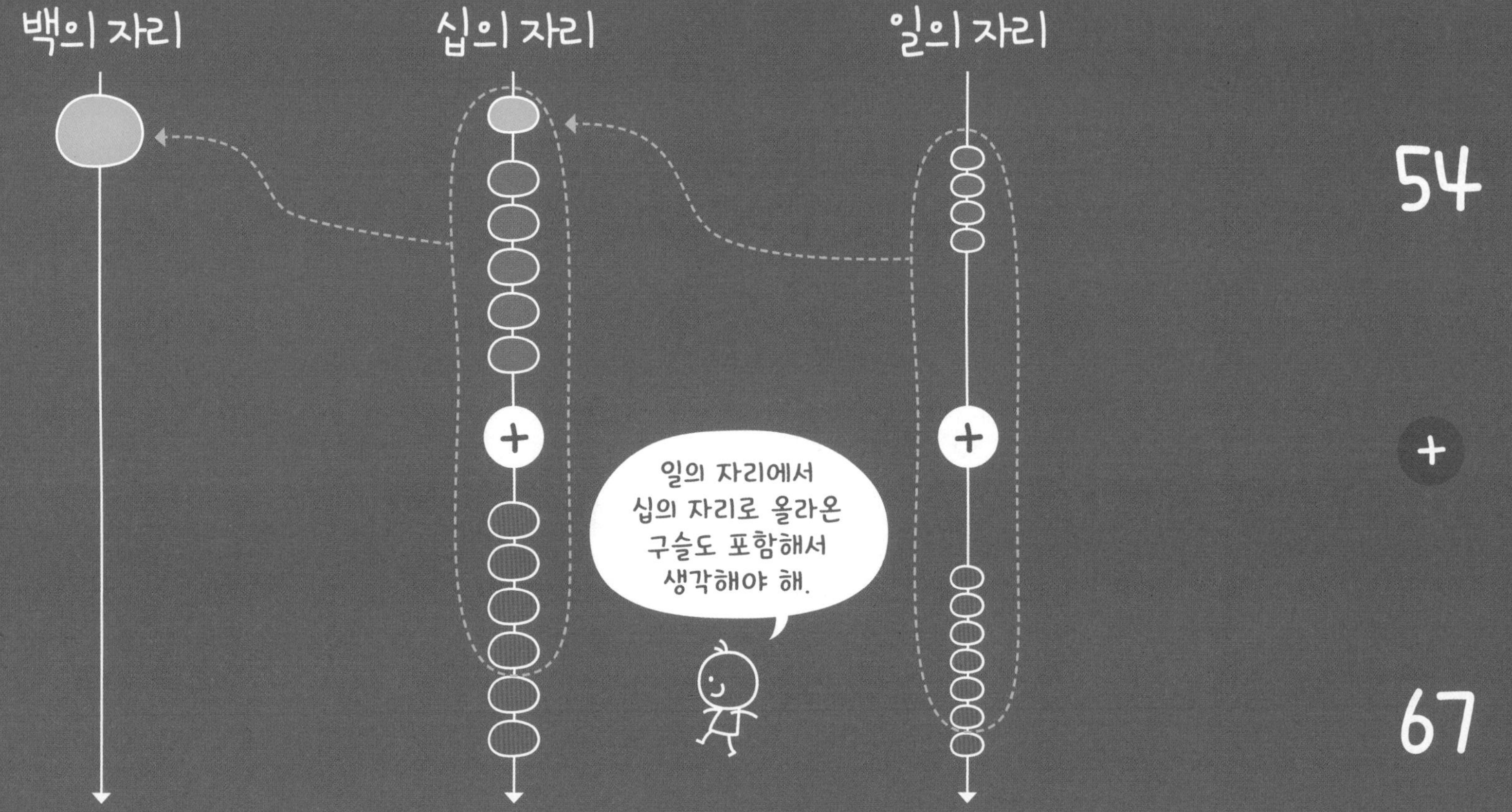

100 + 20 + 1 = 121

Day 06

각 자리에 ⬭를 그리고 10개가 되면 윗자리의 ⬭ 1개로 바꾸자. 그리고 같은 자리 수끼리 더하면 돼.

❶ 백 십 일

25
+
86

1	1	1	

❷ 백 십 일

36
+
74

❸ 백 십 일

59
+
58

❹ 백 십 일

47
+
75

❺ 백 십 일

65
+
89

❻ 백 십 일

66 + 46

백	십	일	

❼ 백 십 일

49 + 88

백	십	일	

❽ 백 십 일

18 + 97

백	십	일	

❾ 백 십 일

92 + 69

백	십	일	

❿ 백 십 일

78 + 96

백	십	일	

공부 끝!

맞힌 개수 /10개

부모님 확인

오늘의 숫자 **51**에 색칠하세요.

Day 07

일의 자리, 십의 자리 수끼리 더한 후 자리에 맞춰 쓰는 거야.

일의 자리에서 받아올림한 수

	1	
	1	6
+	8	4
1	0	0

십의 자리에서 받아올림한 수

일의 자리부터 계산하는 거야.

❶

	1	
	1	9
+	9	6
		5

❷

	5	5
+	7	5

❸

	3	4
+	9	7

❹

	3	8
+	6	9

❺

	4	3
+	7	9

❻

	6	8
+	9	8

❼

	8	2
+	2	9

❽

	5	4
+	7	8

❾

	5	7
+	8	6

❿

	6	7
+	6	9

⓫

	5	8
+	6	7

⓬

	9	9
+	4	8

⓭

	7	1
+	5	9

⑭ 44 + 58 =

	4	4
+	5	8

❶ 자리에 맞춰 쓰고

❷ 같은 자리 수끼리 더하기

⑮ 37 + 78 =

⑯ 59 + 85 =

⑰ 84 + 97 =

⑱ 76 + 99 =

⑲ 86 + 46 =

⑳ 93 + 58 =

㉑ 67 + 47 =

㉒ 98 + 16 =

㉓ 29 + 94 =

㉔ 65 + 36 =

공부 끝!

맞힌 개수 /24개

부모님 확인

오늘의 숫자 **60**에 색칠하세요.

Day 08

일의 자리부터 차례로 계산해야 받아올림한 1을 더할 수 있어.

$$\begin{array}{r} {}^{1} \\ 35 \\ +\,88 \\ \hline 123 \end{array}$$

1+3+8=12

❶ $\begin{array}{r} 14 \\ +\,89 \\ \hline \end{array}$

❷ $\begin{array}{r} 48 \\ +\,67 \\ \hline \end{array}$

❸ $\begin{array}{r} 26 \\ +\,95 \\ \hline \end{array}$

❹ $\begin{array}{r} 76 \\ +\,68 \\ \hline \end{array}$

❺ $\begin{array}{r} 65 \\ +\,59 \\ \hline \end{array}$

❻ $\begin{array}{r} 57 \\ +\,95 \\ \hline \end{array}$

❼ $\begin{array}{r} 98 \\ +\,42 \\ \hline \end{array}$

❽ $\begin{array}{r} 61 \\ +\,39 \\ \hline \end{array}$

❾ $\begin{array}{r} 49 \\ +\,86 \\ \hline \end{array}$

❿ $\begin{array}{r} 53 \\ +\,48 \\ \hline \end{array}$

⓫ $\begin{array}{r} 74 \\ +\,38 \\ \hline \end{array}$

⓬ $\begin{array}{r} 59 \\ +\,82 \\ \hline \end{array}$

⓭ $\begin{array}{r} 87 \\ +\,79 \\ \hline \end{array}$

⓮ $\begin{array}{r} 66 \\ +\,67 \\ \hline \end{array}$

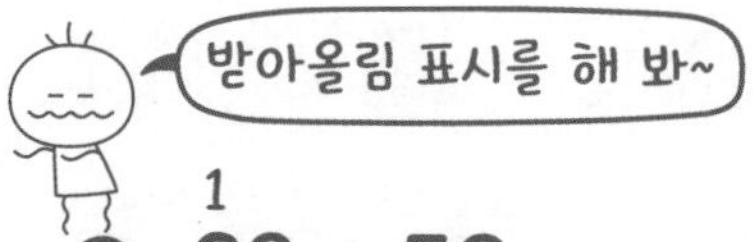

1

⑮ 69 + 58

⑯ 87 + 64

⑰ 36 + 99

⑱ 75 + 27

⑲ 16 + 96

⑳ 95 + 48

㉑ 78 + 46

㉒ 28 + 83

㉓ 56 + 94

㉔ 67 + 88

㉕ 37 + 76

㉖ 92 + 39

㉗ 48 + 84

㉘ 55 + 66

㉙ 24 + 79

㉚ 44 + 99

㉛ 25 + 98

㉜ 38 + 86

㉝ 84 + 57

공부 끝!

맞힌 개수 /33개

부모님 확인

오늘의 숫자 **5**에 색칠하세요.

월 일 /9 분

Day 09

받아올림한 1을
자리에 맞게 표시하면
실수를 줄일 수 있어.

❶ $97 + 85$

❷ $46 + 67$

❸ $96 + 39$

❹ $88 + 14$

❺ $69 + 79$

❻ $36 + 76$

❼ $37 + 69$

❽ $68 + 49$

❾ $45 + 78$

❿ $47 + 98$

⓫ $82 + 18$

⓬ $55 + 96$

⓭ $33 + 77$

⓮ $59 + 65$

⓯ $62 + 99$

⑯ 65 + 87

⑰ 42 + 89

⑱ 75 + 45

⑲ 27 + 74

⑳ 98 + 23

㉑ 77 + 66

㉒ 49 + 97

㉓ 86 + 29

㉔ 88 + 38

㉕ 79 + 58

㉖ 95 + 66

㉗ 94 + 96

㉘ 24 + 87

㉙ 34 + 88

㉚ 85 + 49

㉛ 73 + 78

㉜ 67 + 76

㉝ 53 + 89

㉞ 15 + 97

공부 끝!

맞힌 개수

/34개

부모님 확인

오늘의 숫자 **71**에 색칠하세요.

Day 10

받아올림한 1을
더하는 것을 잊지 마.

❶ $17 + 98$

❷ $68 + 64$

❸ $79 + 33$

❹ $95 + 15$

❺ $28 + 96$

❻ $59 + 78$

❼ $32 + 69$

❽ $39 + 86$

❾ $93 + 49$

❿ $45 + 89$

⓫ $62 + 48$

⓬ $86 + 85$

⓭ $74 + 99$

⓮ $83 + 58$

⓯ $96 + 87$

⑯ $47 + 53$

⑰ $63 + 59$

⑱ $65 + 99$

⑲ $46 + 85$

⑳ $72 + 29$

㉑ $56 + 78$

㉒ $77 + 85$

㉓ $54 + 69$

㉔ $27 + 97$

㉕ $49 + 79$

㉖ $73 + 68$

㉗ $89 + 67$

㉘ $58 + 57$

㉙ $45 + 68$

㉚ $96 + 36$

㉛ $19 + 83$

㉜ $64 + 98$

㉝ $39 + 72$

㉞ $26 + 77$

공부 끝!

맞힌 개수

/34개

부모님 확인

오늘의 숫자 **78**에 색칠하세요.

연산 놀이터

계산 결과에 알맞은 강아지의 집을 찾아서 이름을 써 줄래?

부모님 확인

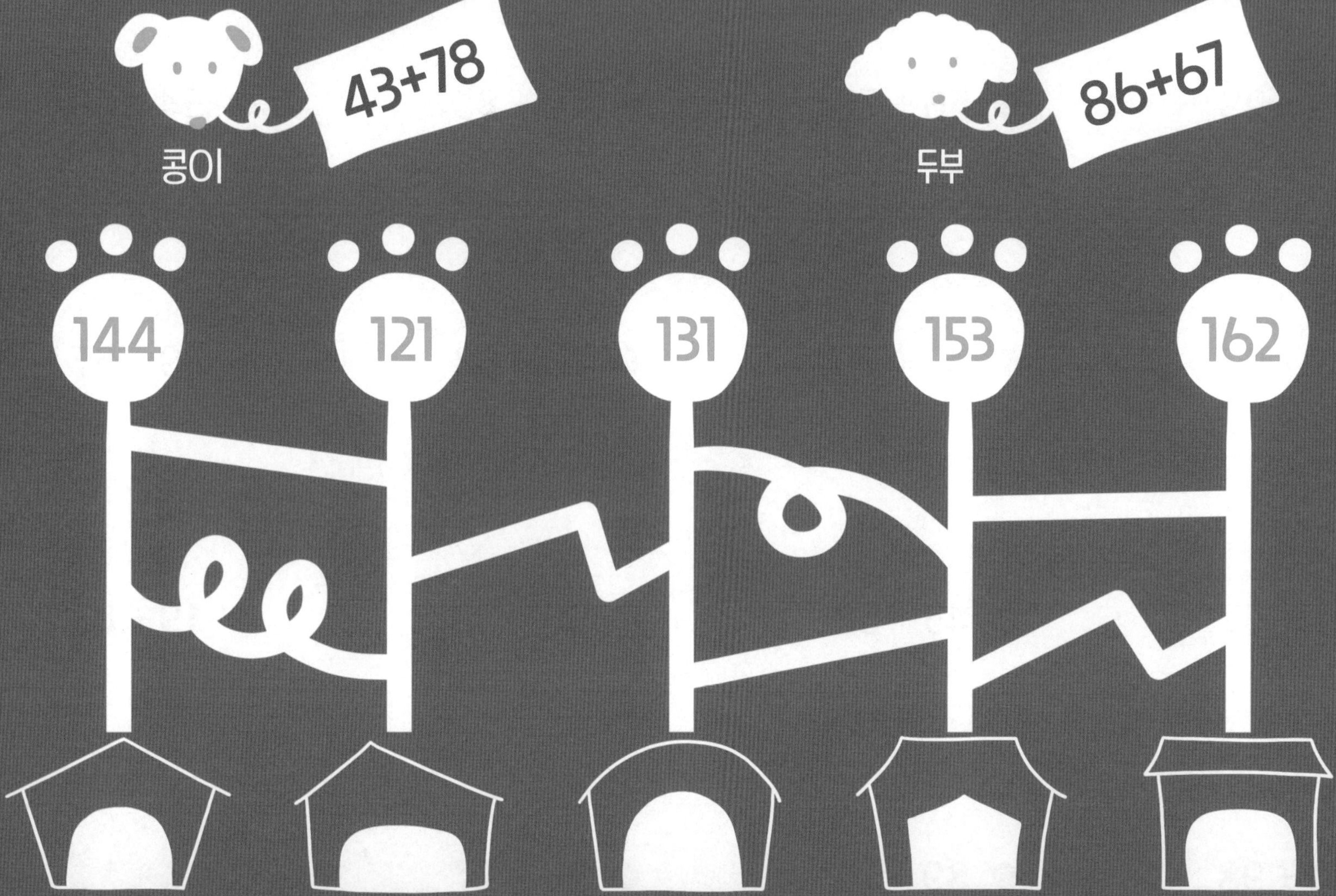

03

받아내림이 있는 (두 자리 수)-(두 자리 수)

이번에는 무엇을 배울까?

받아올림이 두 번 있는 (두 자리 수)+(두 자리 수)

받아내림이 있는 (두 자리 수)-(두 자리 수)

덧셈식, 뺄셈식에서 □의 값 구하기

이렇게 지도해요!

❶ **먼저 설명해 주세요.**

덧셈에서 사용한 줄과 구슬로 받아내림이 있는
두 자리 수의 뺄셈을 설명했습니다.
십의 자리 구슬 1개를 일의 자리 구슬 10개로 바꿔
보면서 받아내림이 있는 뺄셈 방법을 익힙니다.

❷ **수를 이해하며 계산해요.**

설명과 이어지는 그림을 이용하여
Day11에서 재미있게 문제를 풉니다.

❸ **충분히 연습해요.**

Day12~Day15의 문제 풀이를 통해 수를 이해하는
힘을 기르고, 받아내림이 있는 뺄셈 알고리즘을 익혀
빠르고 정확한 계산력을 기릅니다.

스스로 계획을 세워요!

	공부할 날짜	목표 시간	복습할 날짜
Day 11/44	월 / 일	분 / 10개	월 / 일
Day 12/44	월 / 일	분 / 24개	월 / 일
Day 13/44	월 / 일	분 / 33개	월 / 일
Day 14/44	월 / 일	분 / 34개	월 / 일
Day 15/44	월 / 일	분 / 34개	월 / 일

선생님의 칠판

십의 자리 줄, 일의 자리 줄에 구슬을 넣고 뺄셈을 해 봐.

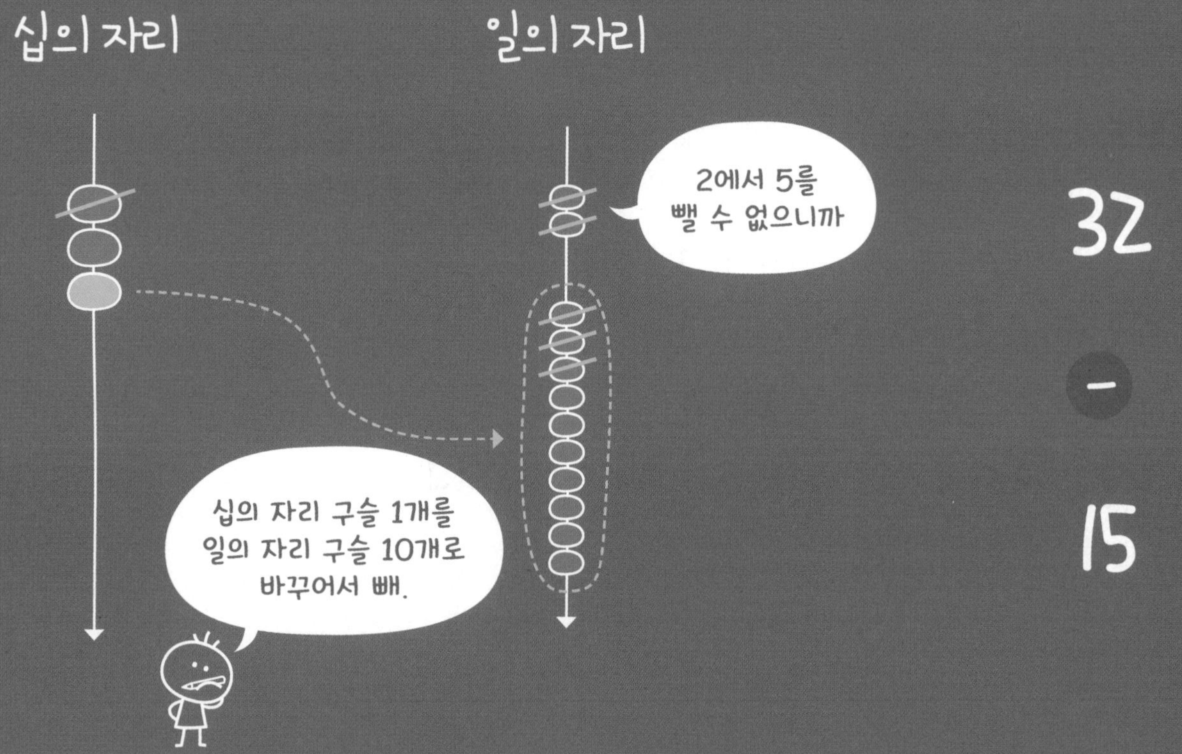

10 + 7 = 17

Day 11

각 자리에 ⬭를 그리고 빼는 수만큼 지워 보자. 일의 자리 수끼리 뺄 수 없으면 십의 자리 ⬭ 1개를 일의 자리 ⬭ 10개로 바꾸면 돼.

❶ 십 일

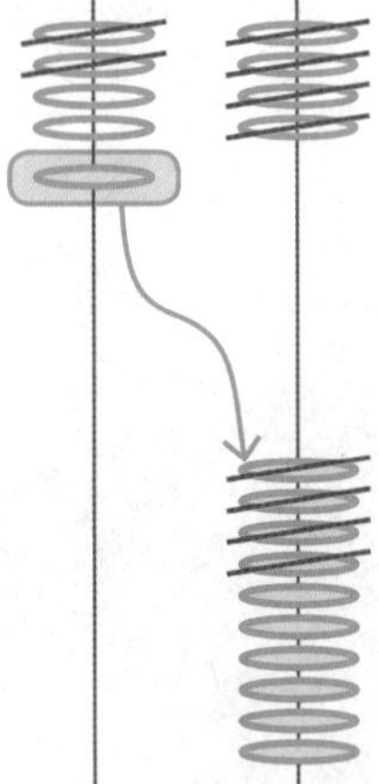

54
−
28

(28만큼 ╱로 지워 보자.)

2	6	

❷ 십 일

43
−
16

(43만큼 ⬭를 그려 보자.)

❸ 십 일

60
−
22

❹ 십 일

72
−
15

❺ 십 일

36
−
18

❻ 십 일

46
−
27

❼ 십 일

85
−
49

❽ 십 일

31
−
13

❾ 십 일

92
−
33

❿ 십 일

75
−
38

공부 끝!

맞힌 개수

/10개

부모님 확인

오늘의 숫자 8에 색칠하세요.

Day 12

일의 자리, 십의 자리 수끼리 뺀 후 자리에 맞춰 쓰는 거야.

십의 자리에서 10을 받아내림해.

	7	10
	~~8~~	7
-	4	9
	3	8

일의 자리부터 계산하는 거야.

❶

	5	10
	~~6~~	3
-	3	8

❷

	4	2
-	2	7

❸

	7	4
-	1	5

❹

	9	2
-	3	4

❺

	6	1
-	2	4

❻

	3	3
-	1	9

❼

	5	6
-	1	7

❽

	3	4
-	2	8

❾

	8	4
-	3	7

❿

	8	2
-	5	6

⓫

	8	5
-	6	9

⓬

	7	1
-	4	8

⓭

	5	0
-	3	3

⑭ 41 - 15 =

	4	1
-	1	5

❶ 자리에 맞춰 쓰고

❷ 같은 자리 수끼리 빼기

⑮ 65 - 37 =

⑯ 48 - 19 =

⑰ 97 - 58 =

⑱ 25 - 16 =

⑲ 80 - 44 =

⑳ 54 - 18 =

㉑ 72 - 47 =

㉒ 94 - 79 =

㉓ 53 - 25 =

㉔ 76 - 27 =

공부 끝!

맞힌 개수 /24개

부모님 확인

오늘의 숫자 **82**에 색칠하세요.

Day 13

일의 자리부터 차례로 계산해야 받아내림을 할 수 있어.

$$\begin{array}{r} \scriptstyle 8\ \ 10 \\ \not{9}\ 6 \\ -\ 4\ 9 \\ \hline 4\ 7 \end{array}$$

9-1-4=4 10+6-9=7

❶ $\begin{array}{r} 93 \\ -\ 27 \\ \hline \end{array}$

❷ $\begin{array}{r} 47 \\ -\ 38 \\ \hline \end{array}$

❸ $\begin{array}{r} 78 \\ -\ 59 \\ \hline \end{array}$

❹ $\begin{array}{r} 42 \\ -\ 16 \\ \hline \end{array}$

❺ $\begin{array}{r} 60 \\ -\ 25 \\ \hline \end{array}$

❻ $\begin{array}{r} 35 \\ -\ 18 \\ \hline \end{array}$

❼ $\begin{array}{r} 63 \\ -\ 14 \\ \hline \end{array}$

❽ $\begin{array}{r} 84 \\ -\ 78 \\ \hline \end{array}$

❾ $\begin{array}{r} 74 \\ -\ 29 \\ \hline \end{array}$

❿ $\begin{array}{r} 31 \\ -\ 23 \\ \hline \end{array}$

⓫ $\begin{array}{r} 95 \\ -\ 76 \\ \hline \end{array}$

⓬ $\begin{array}{r} 50 \\ -\ 19 \\ \hline \end{array}$

⓭ $\begin{array}{r} 45 \\ -\ 17 \\ \hline \end{array}$

⓮ $\begin{array}{r} 86 \\ -\ 48 \\ \hline \end{array}$

가로셈에서도 받아내림 표시를 할 수 있어.

⑮ $\overset{2\ 10}{\cancel{3}3} - 15$

⑯ 51 - 34

⑰ 72 - 69

⑱ 57 - 39

⑲ 71 - 22

⑳ 74 - 35

㉑ 80 - 67

㉒ 61 - 55

㉓ 82 - 13

㉔ 93 - 46

㉕ 95 - 27

㉖ 82 - 38

㉗ 53 - 24

㉘ 84 - 57

㉙ 40 - 36

㉚ 32 - 27

㉛ 64 - 49

㉜ 41 - 13

㉝ 83 - 58

공부 끝!

맞힌 개수

/33개

부모님 확인

오늘의 숫자 **10**에 색칠하세요.

월 일 /9 분

Day 14

받아내림한 것을
자리에 맞게 표시하면
실수를 줄일 수 있어.

❶ $\begin{array}{r} 61 \\ -\ 36 \\ \hline \end{array}$

❷ $\begin{array}{r} 43 \\ -\ 37 \\ \hline \end{array}$

❸ $\begin{array}{r} 84 \\ -\ 56 \\ \hline \end{array}$

❹ $\begin{array}{r} 27 \\ -\ 19 \\ \hline \end{array}$

❺ $\begin{array}{r} 32 \\ -\ 16 \\ \hline \end{array}$

❻ $\begin{array}{r} 74 \\ -\ 27 \\ \hline \end{array}$

❼ $\begin{array}{r} 75 \\ -\ 49 \\ \hline \end{array}$

❽ $\begin{array}{r} 44 \\ -\ 15 \\ \hline \end{array}$

❾ $\begin{array}{r} 66 \\ -\ 38 \\ \hline \end{array}$

❿ $\begin{array}{r} 86 \\ -\ 69 \\ \hline \end{array}$

⓫ $\begin{array}{r} 58 \\ -\ 39 \\ \hline \end{array}$

⓬ $\begin{array}{r} 92 \\ -\ 43 \\ \hline \end{array}$

⓭ $\begin{array}{r} 53 \\ -\ 45 \\ \hline \end{array}$

⓮ $\begin{array}{r} 91 \\ -\ 59 \\ \hline \end{array}$

⓯ $\begin{array}{r} 60 \\ -\ 42 \\ \hline \end{array}$

⑯ 65 - 48

⑰ 76 - 39

⑱ 82 - 26

⑲ 77 - 58

⑳ 33 - 17

㉑ 57 - 48

㉒ 80 - 61

㉓ 41 - 29

㉔ 70 - 54

㉕ 74 - 18

㉖ 81 - 73

㉗ 95 - 67

㉘ 54 - 29

㉙ 63 - 25

㉚ 72 - 65

㉛ 83 - 16

㉜ 71 - 34

㉝ 92 - 28

㉞ 68 - 49

공부 끝!

맞힌 개수 /34개

부모님 확인

오늘의 숫자 **32**에 색칠하세요.

Day 15

받아내림하고 남은
수에서 빼는 것을 잊지 마.

❶ $52 - 37$

❷ $45 - 28$

❸ $23 - 15$

❹ $64 - 47$

❺ $26 - 19$

❻ $54 - 16$

❼ $76 - 48$

❽ $41 - 17$

❾ $82 - 46$

❿ $93 - 64$

⓫ $70 - 55$

⓬ $44 - 35$

⓭ $71 - 28$

⓮ $96 - 39$

⓯ $88 - 69$

⑯ 24 - 18

⑰ 55 - 17

⑱ 73 - 34

⑲ 90 - 12

⑳ 61 - 37

㉑ 94 - 45

㉒ 67 - 29

㉓ 45 - 26

㉔ 82 - 24

㉕ 63 - 27

㉖ 96 - 78

㉗ 51 - 12

㉘ 77 - 48

㉙ 70 - 26

㉚ 92 - 69

㉛ 64 - 56

㉜ 38 - 19

㉝ 91 - 23

㉞ 53 - 28

공부 끝!

맞힌 개수

/34개

부모님 확인

오늘의 숫자 **12**에 색칠하세요.

연산 놀이터

엄마 고양이를 만날 수 있도록 뺄셈 결과가 34가 되는 길을 만들어 줘.

부모님 확인

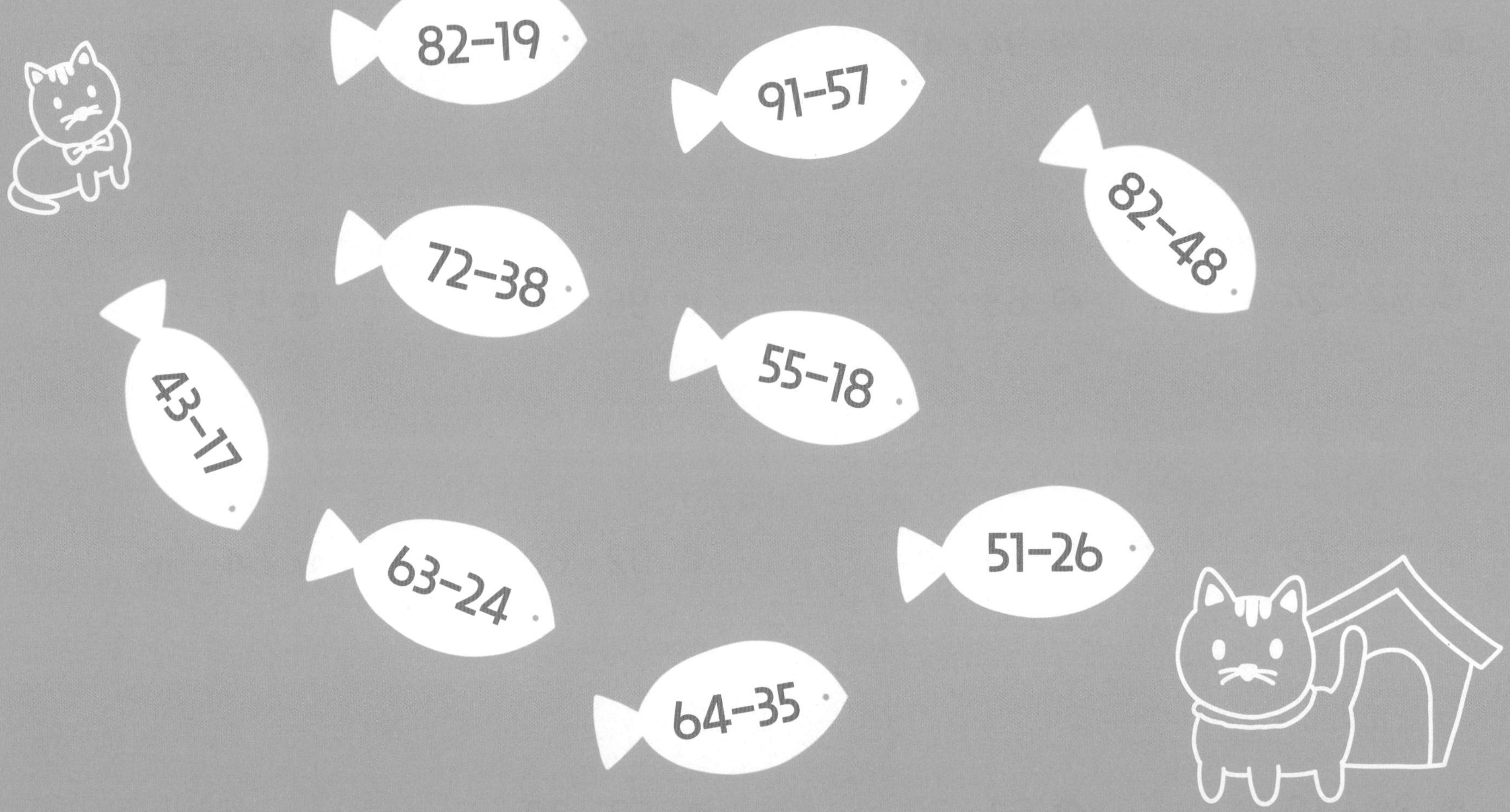

04

덧셈식, 뺄셈식에서 □의 값 구하기

이번에는 무엇을 배울까?

받아내림이 있는 (두 자리 수)-(두 자리 수)

덧셈식, 뺄셈식에서 □의 값 구하기

같은 수를 여러 번 더하기

이렇게 지도해요!

❶ 먼저 설명해 주세요.

아이들이 어렵게 느끼는 수직선 대신
양감이 있는 도형 모델을 사용하여 전체와 부분의
관계를 쉽게 이해할 수 있도록 하였습니다.
부분에 해당하는 두 수를 더하면 전체가 되고,
전체에서 한 부분을 빼면 다른 한 부분이 됨을
이해하며 □의 값을 구해 봅니다.

❷ 수를 이해하며 계산해요.

설명과 이어지는 그림, 반구체물을 이용한
조작 활동으로 Day16과 Day17에서 재미있게
문제를 풉니다.

❸ 충분히 연습해요.

Day18~Day20의 문제 풀이를 통해 덧셈과 뺄셈이
역연산 관계임을 이해하고, 문제 해결 능력의
기초를 다집니다.

스스로 계획을 세워요!

	공부할 날짜	목표 시간	복습할 날짜
Day 16 / 44	월 / 일	분 / 9개	월 / 일
Day 17 / 44	월 / 일	분 / 21개	월 / 일
Day 18 / 44	월 / 일	분 / 13개	월 / 일
Day 19 / 44	월 / 일	분 / 37개	월 / 일
Day 20 / 44	월 / 일	분 / 38개	월 / 일

선생님의 칠판

동그라미 방을 그려서 □의 값을 구해 보자.

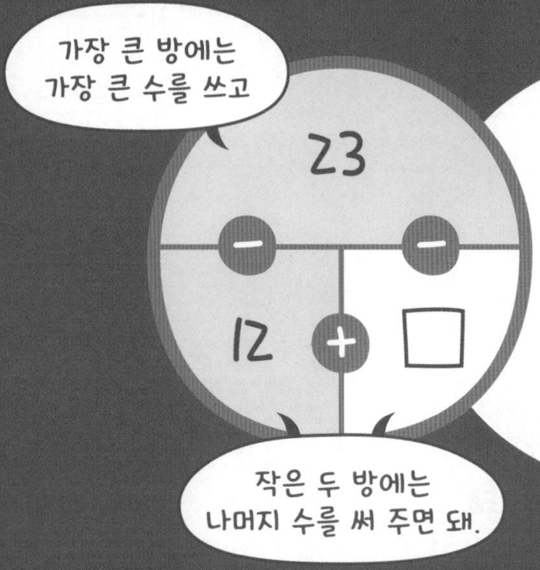

$12 + \square = 23$

⇨ $23 - 12 = \square$

$\square = 11$

$\square - 13 = 18$

⇨ $13 + 18 = \square$

$\square = 31$

Day 16

전체와 부분을 생각하며 ■의 값을 구해 보자.

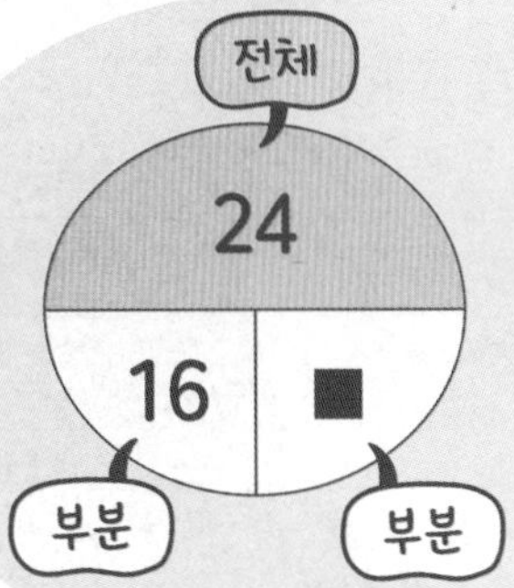

16 + ■ = 24

■ = 24 - 16

= 8

❶

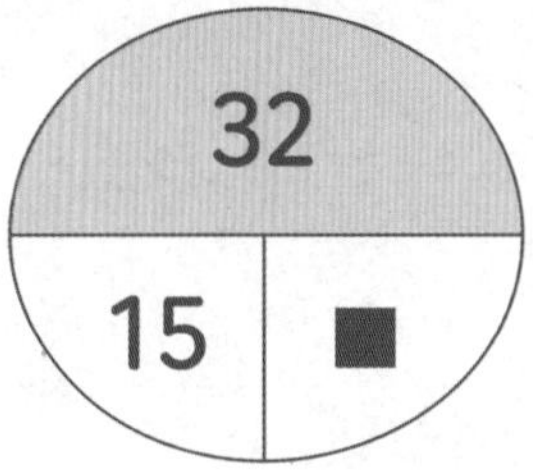

15 + ■ = 32

■ = 32 - □

= □

❷

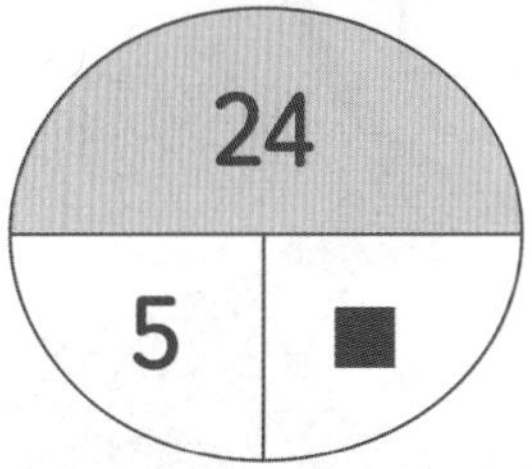

5 + ■ = 24

■ = □ - □

= □

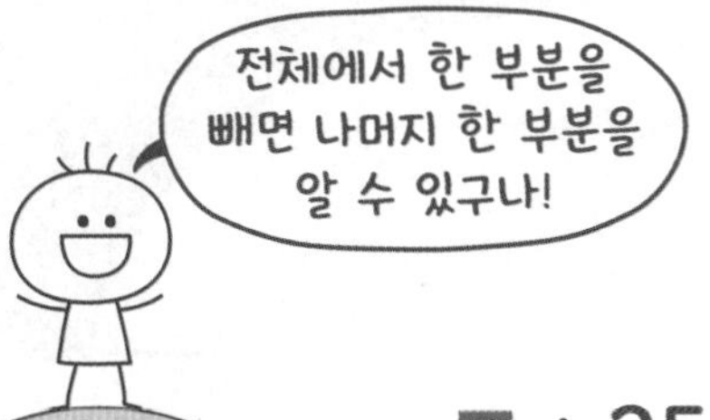

❸

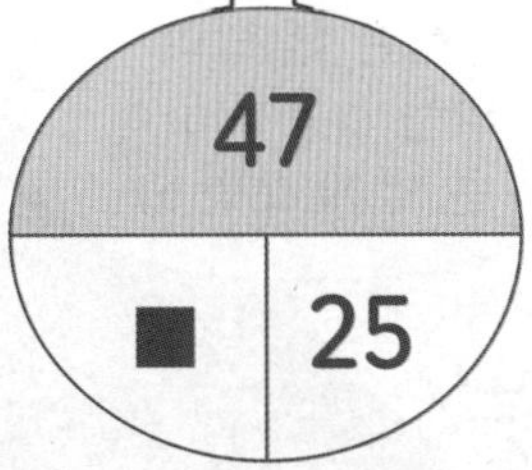

■ + 25 = 47

■ = □ - □

= □

❹

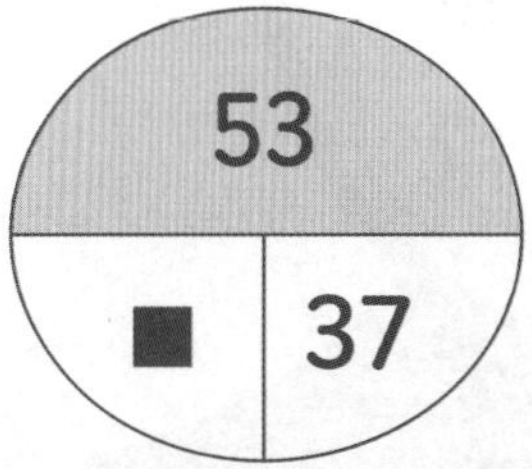

■ + 37 = 53

■ = □ - □

= □

5 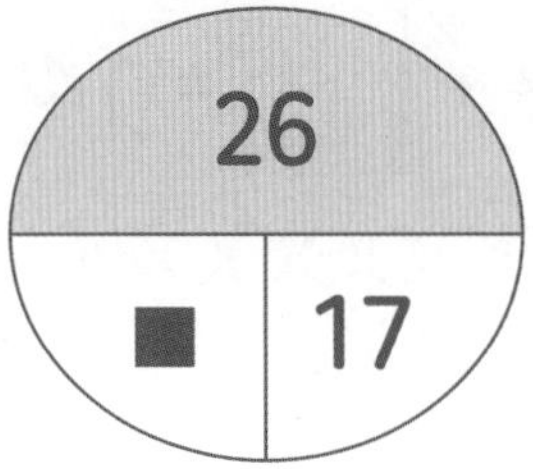

26 - ■ = 17

■ = 26 - □

= □

6 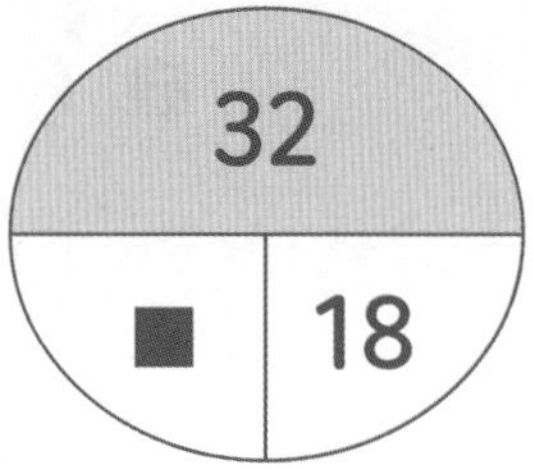

32 - ■ = 18

■ = □ - □

= □

7 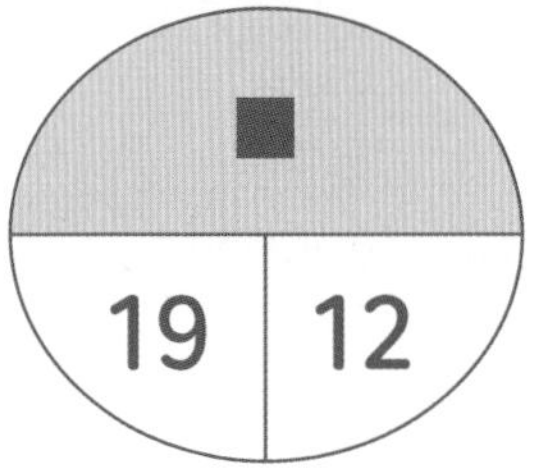

■ - 12 = 19

■ = 19 + □

= □

8 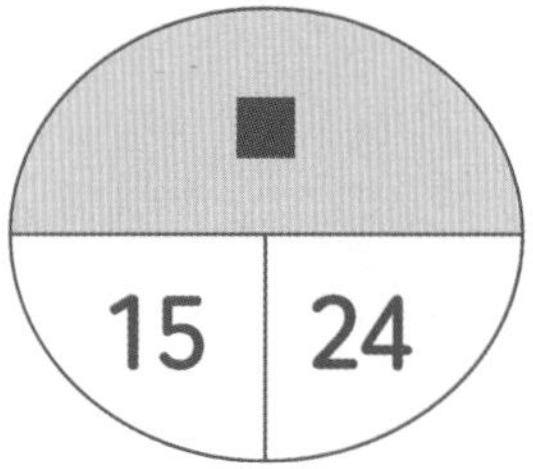

■ - 24 = 15

■ = □ + □

= □

9 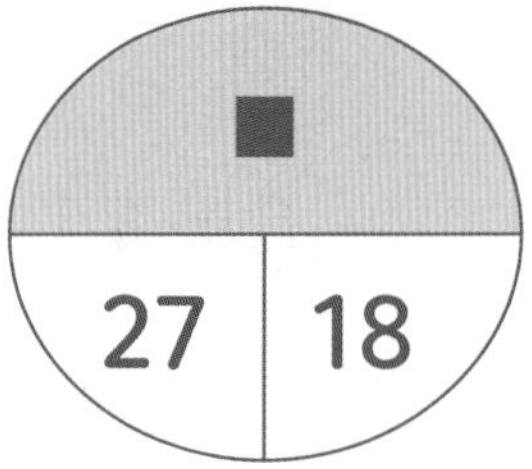

■ - 18 = 27

■ = □ + □

= □

공부 끝!

맞힌 개수

/9개

부모님 확인

오늘의 숫자 **56**에 색칠하세요.

Day 17

○를 지우거나 그려서 □의 값을 구해 보자.

8 + [5] = 13

∅∅∅∅∅∅∅∅○○
○○○

13개에서 8개만큼 지우면
남은 개수는 5개

6개만큼 지우고 남은 개수를 세어 보자.

❶ 6 + □ = 15

○○○○○○○○○○
○○○○○

❷ 8 + □ = 14

○○○○○○○○○○
○○○○

❸ 6 + □ = 12

○○○○○○○○○○
○○

❹ 4 + □ = 11

○○○○○○○○○○
○

❺ □ + 4 = 12

○○○○○○○○○○
○○

❻ □ + 8 = 17

○○○○○○○○○○
○○○○○○○

❼ □ + 9 = 14

○○○○○○○○○○
○○○○

❽ □ + 6 = 13

○○○○○○○○○○
○○○

❾ □ + 7 = 15

○○○○○○○○○○
○○○○○

❿ □ + 6 = 11

○○○○○○○○○○
○

⑪ 11 - □ = 8

∅∅∅∅∅∅∅∅○○○
○

11개에서 8개만큼 지우면…

⑫ 14 - □ = 7

○○○○○○○○○○
○○○○

⑬ 12 - □ = 3

○○○○○○○○○○
○○

⑭ 13 - □ = 9

○○○○○○○○○○
○○○

⑮ 18 - □ = 9

○○○○○○○○○○
○○○○○○○○

⑯ 15 - □ = 8

○○○○○○○○○○
○○○○○

⑰ □ - 6 = 5

○○○○○○ ○○○○○

6개를 빼서 5개가 남은 거니까

처음 수는 6+5!

⑱ □ - 9 = 8

부분의 수만큼 ○를 그려 봐.

⑲ □ - 2 = 9

⑳ □ - 8 = 8

㉑ □ - 6 = 8

공부 끝!

맞힌 개수 /21개

부모님 확인

오늘의 숫자 **9**에 색칠하세요.

Day 18

■가 답이 되는 식을 만들어 ■의 값을 구해 보자.

15 + ■ = 41

41 - 15 = ■ → ■ = 26

❶ 23 + ■ = 52

______________ = ■ → ■ = ☐

❷ 36 + ■ = 73

______________ = ■ → ■ = ☐

❸ 57 + ■ = 85

______________ = ■ → ■ = ☐

■의 위치가 바뀌어도 ■는 여전히 '부분'이야.

❹ ■ + 14 = 43

______________ = ■ → ■ = ☐

❺ ■ + 37 = 84

______________ = ■ → ■ = ☐

❻ ■ + 61 = 88

______________ = ■ → ■ = ☐

❼ 55 - ■ = 28

\- ________ = ■ → ■ = □

❽ 63 - ■ = 24

________ = ■ → ■ = □

❾ 81 - ■ = 23

________ = ■ → ■ = □

❿ 70 - ■ = 47

________ = ■ → ■ = □

전체는 두 부분의 합으로 나타낼 수 있어.

⓫ ■ - 13 = 28

________ = ■ → ■ = □

⓬ ■ - 41 = 11

________ = ■ → ■ = □

⓭ ■ - 37 = 29

________ = ■ → ■ = □

공부 끝!

맞힌 개수

/13개

부모님 확인

오늘의 숫자 **93**에 색칠하세요.

Day 19

덧셈식을 뺄셈식으로 만들어 □의 값을 구해 보자.

❶ 19 + □ = 53

53 - 19 = □

❷ 23 + □ = 62

❸ 36 + □ = 44

❹ 56 + □ = 82

❺ 15 + □ = 24

❻ 78 + □ = 92

❼ □ + 15 = 31

❽ □ + 51 = 90

❾ □ + 56 = 87

❿ □ + 36 = 94

⓫ □ + 8 = 11

⓬ □ + 17 = 63

⓭ □ + 24 = 91

⓮ □ + 18 = 73

⓯ □ + 42 = 50

⓰ □ + 65 = 83

⓱ □ + 46 = 72

⓲ □ + 38 = 71

⑲ 66 - □ = 47　　⑳ 53 - □ = 26　　㉑ 45 - □ = 19　　㉒ 40 - □ = 28

㉓ 12 - □ = 8　　㉔ 80 - □ = 35　　㉕ 37 - □ = 18　　㉖ 22 - □ = 16

㉗ 73 - □ = 49　　㉘ 91 - □ = 28　　㉙ 82 - □ = 17　　㉚ 97 - □ = 55

㉛ □ - 17 = 75　　㉜ □ - 78 = 17　　㉝ □ - 56 = 18　　㉞ □ - 38 = 25

㉟ □ - 66 = 14　　㊱ □ - 23 = 23　　㊲ □ - 42 = 29

공부 끝!

맞힌 개수 /37개

부모님 확인

오늘의 숫자 **39**에 색칠하세요.

Day 20

반드시 식을 만들어
□의 값을 구해 보자.

❶ 43 + □ = 60

❷ 38 + □ = 57

❸ 25 + □ = 61

❹ 65 + □ = 86

❺ 29 + □ = 72

❻ 9 + □ = 45

❼ 76 + □ = 94

❽ 23 + □ = 31

❾ 47 + □ = 58

❿ 68 + □ = 93

⓫ 17 + □ = 84

⓬ □ + 4 = 22

⓭ □ + 35 = 91

⓮ □ + 47 = 66

⓯ □ + 29 = 74

⓰ □ + 49 = 95

⓱ □ + 22 = 76

⓲ □ + 58 = 81

⓳ □ + 27 = 92

⑳ 94 - □ = 16　㉑ 32 - □ = 29　㉒ 70 - □ = 37　㉓ 64 - □ = 43

㉔ 61 - □ = 25　㉕ 83 - □ = 27　㉖ 46 - □ = 29　㉗ 57 - □ = 38

㉘ □ - 17 = 35　㉙ □ - 44 = 19　㉚ □ - 35 = 41　㉛ □ - 85 = 8

㉜ □ - 28 = 48　㉝ □ - 19 = 11　㉞ □ - 54 = 27　㉟ □ - 29 = 56

㊱ □ - 9 = 32　㊲ □ - 77 = 17　㊳ □ - 46 = 16

공부 끝!

맞힌 개수 /38개

부모님 확인

오늘의 숫자 **17**에 색칠하세요.

연산 놀이터

□의 값을 찾아 따라가면 보석을 찾을 수 있어.

부모님 확인

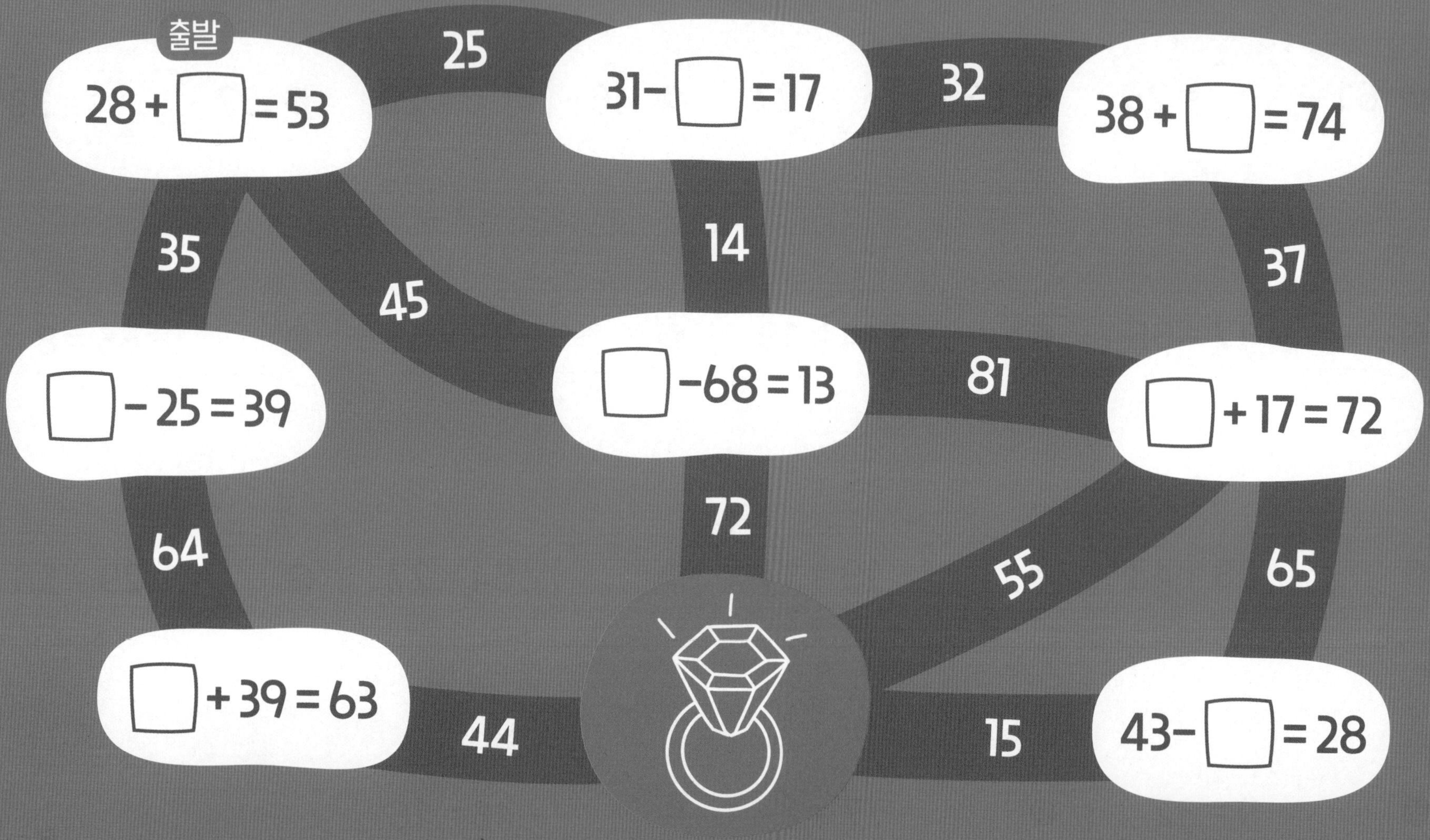

05

같은 수를 여러 번 더하기

이번에는 무엇을 배울까?

덧셈식, 뺄셈식에서 □의 값 구하기

같은 수를 여러 번 더하기

2단, 5단 곱셈구구

이렇게 지도해요!

❶ 먼저 설명해 주세요.

묶음의 수만큼 같은 수를 여러 번 더한 식과 곱셈식을 비교해 보면서 곱셈의 편리함을 느껴 봅니다.

❷ 수를 이해하며 계산해요.

설명과 이어지는 그림을 이용하여
Day21과 Day22에서 재미있게 문제를 풉니다.

❸ 충분히 연습해요.

Day23과 Day24의 문제 풀이를 통해 수를 이해하는 힘을 기르고, 덧셈과 곱셈의 관계 이해로 곱셈구구의 기초를 다집니다.

스스로 계획을 세워요!

	공부할 날짜	목표 시간	복습할 날짜
Day 21/44	월 / 일	분 / 9개	월 / 일
Day 22/44	월 / 일	분 / 12개	월 / 일
Day 23/44	월 / 일	분 / 18개	월 / 일
Day 24/44	월 / 일	분 / 19개	월 / 일

선생님의 칠판

사과가 한 묶음에 4개씩 들어 있어. 사과는 모두 몇 개일까?

$4 + 4 + 4 + 4 + 4 = 20$

5번

$4 \times 5 = 20$

어떤 게 더 간단할까?

Day 21

묶음의 수를 생각하면 전체 개수를 빠르게 셀 수 있어.

2개씩 [3] 묶음

→ 2 + [2] + [2] = [6]

3번

↳묶음의 수만큼 더해.

❶

3개씩 [ ] 묶음

→ 3 + [ ] + [ ] + [ ] + [ ] = [ ]

❷

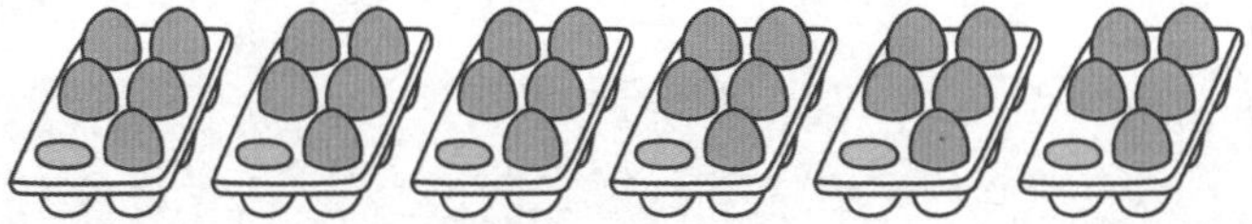

5개씩 [ ] 묶음

→ 5 + [ ] + [ ] + [ ] + [ ] + [ ] = [ ]

❸

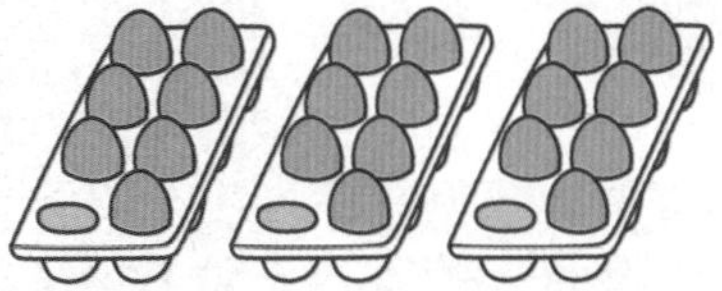

7개씩 [ ] 묶음

→ 7 + [ ] + [ ] = [ ]

❹

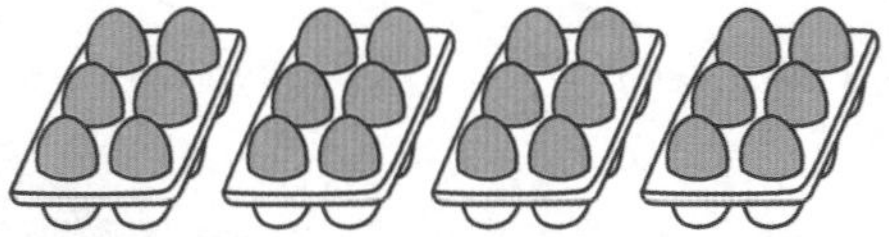

6개씩 [ ] 묶음

→ 6 + [ ] + [ ] + [ ] = [ ]

❺ 

4개씩 □ 묶음

→ 4 + ___ + ___ = □

❻ 

2개씩 □ 묶음

→ 2 + ___ + ___ + ___ + ___ + ___ + ___ = □

❼ 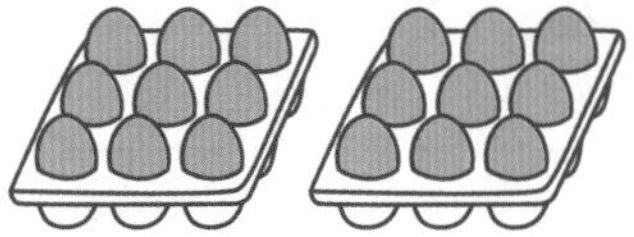

9개씩 □ 묶음

→ 9 + ___ = □

❽ 

6개씩 □ 묶음

→ 6 + ___ + ___ + ___ + ___ + ___ = □

❾ 

3개씩 □ 묶음

→ 3 + ___ + ___ + ___ + ___ + ___ + ___ + ___ + ___ = □

공부 끝!

맞힌 개수

/9개

부모님 확인

오늘의 숫자 **43**에 색칠하세요.

Day 22

묶어서 더한 식은 곱셈식으로 나타낼 수 있어.

4씩 3묶음은 4를 3번 더한 것과 같아.

4 + 4 + 4 = 12 (3번)

→ 4 × 3 = 12

❶

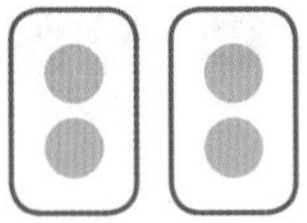

2 + 2 = □

→ 2 × □ = □

❷

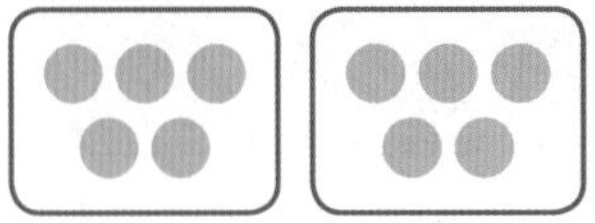

5 + 5 = □

→ 5 × □ = □

❸

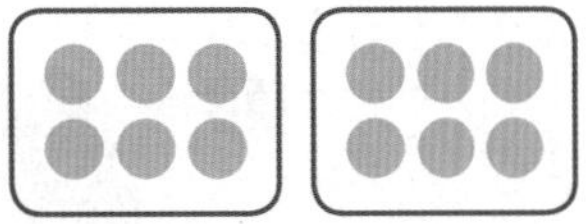

6 + 6 = □

→ 6 × □ = □

❹

3 + 3 + 3 = □

→ 3 × □ = □

❺

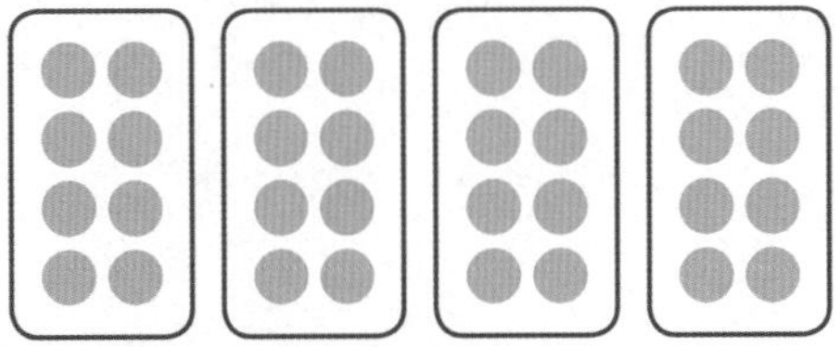

8 + 8 + 8 + 8 = □

→ 8 × □ = □

❻

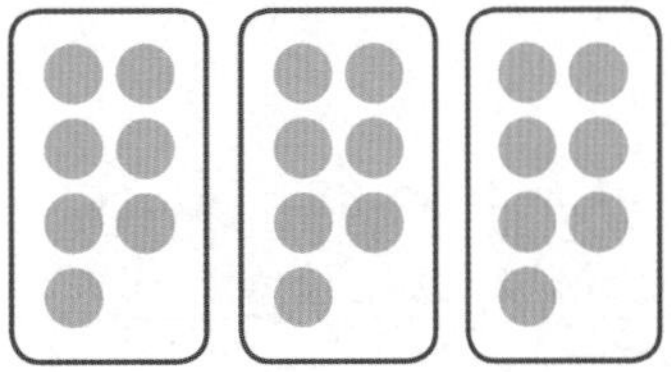

7 + 7 + 7 = □

→ 7 × □ = □

❼

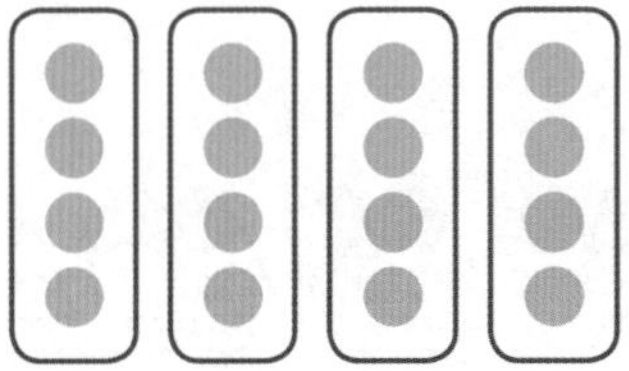

4 + 4 + 4 + 4 = □

→ 4 × □ = □

❽ 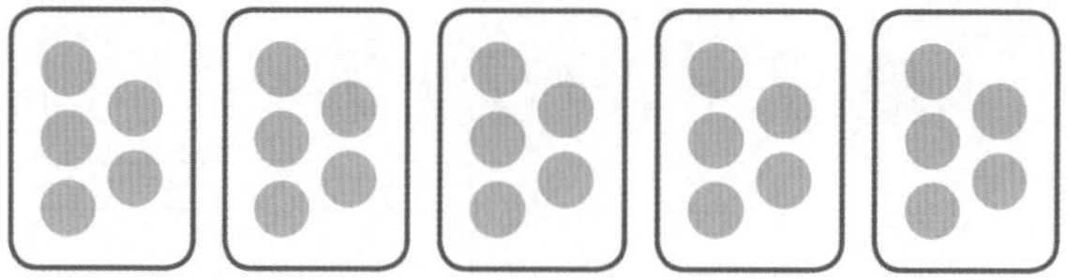

5 + 5 + 5 + 5 + 5 = □

→ 5 × □ = □

❾ 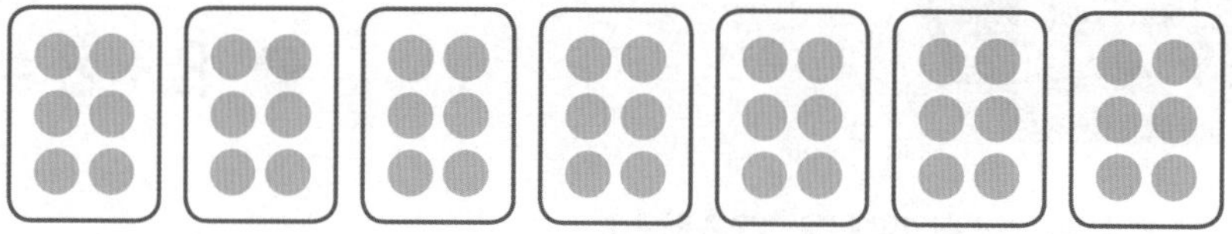

6 + 6 + 6 + 6 + 6 + 6 + 6 = □

→ 6 × □ = □

❿ 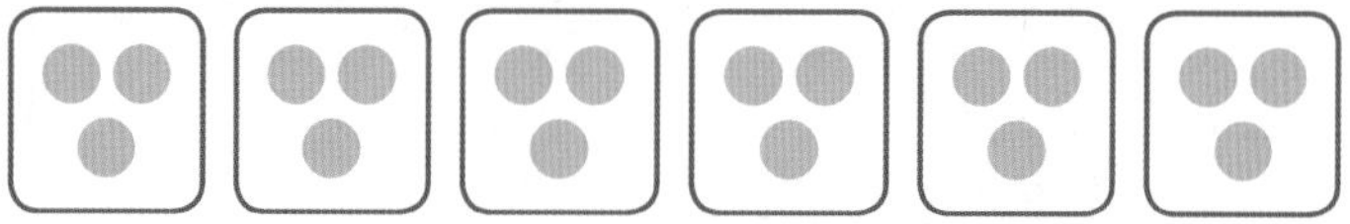

3 + 3 + 3 + 3 + 3 + 3 = □

→ 3 × □ = □

⓫ 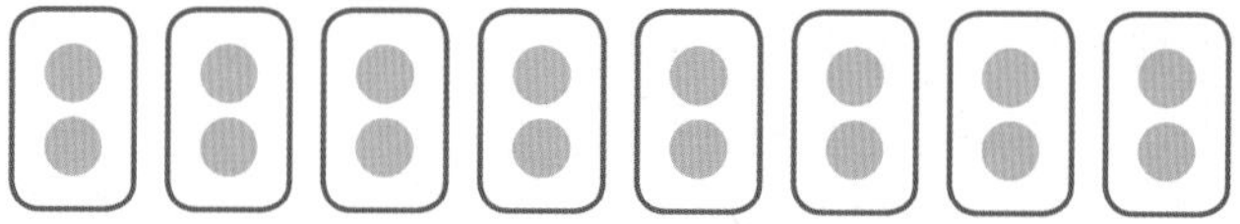

2 + 2 + 2 + 2 + 2 + 2 + 2 + 2 = □

→ 2 × □ = □

⓬ 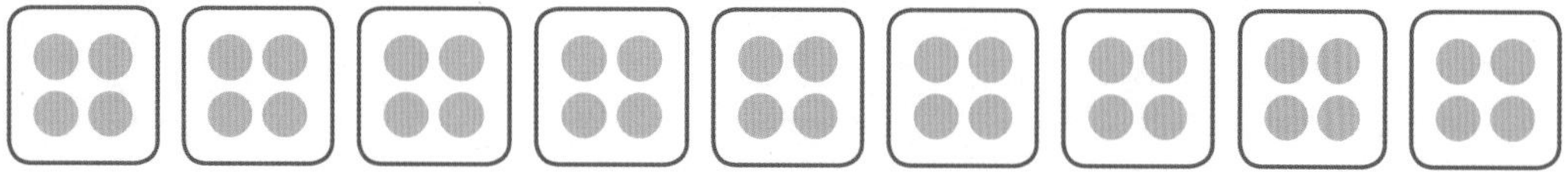

4 + 4 + 4 + 4 + 4 + 4 + 4 + 4 + 4 = □

→ 4 × □ = □

공부 끝!

맞힌 개수 /12개

부모님 확인

오늘의 숫자 **64**에 색칠하세요.

Day 23

긴 덧셈식을 짧은 곱셈식으로 나타내 보자.

❶ 8 + 8 = □

→ □ × □ = □

8을 2번 더하기

❷ 7 + 7 + 7 + 7 = □

→ □ × □ = □

❸ 4 + 4 = □

→ □ × □ = □

❹ 9 + 9 + 9 = □

→ □ × □ = □

❺ 6 + 6 + 6 + 6 + 6 = □

→ □ × □ = □

❻ 2 + 2 + 2 = □

→ □ × □ = □

❼ 5 + 5 + 5 + 5 = □

→ □ × □ = □

❽ 3 + 3 + 3 + 3 + 3 = □

→ □ × □ = □

❾ 6 + 6 + 6 = □

→ □ × □ = □

❿ 8 + 8 + 8 + 8 = □

→ □ × □ = □

⓫ 9 + 9 + 9 + 9 + 9 = □

→ □ × □ = □

⑫ 7 + 7 + 7 + 7 + 7 + 7 = □

→ □ × □ = □

⑬ 9 + 9 + 9 + 9 + 9 + 9 = □

→ □ × □ = □

⑭ 2 + 2 + 2 + 2 + 2 + 2 + 2 = □

→ □ × □ = □

⑮ 8 + 8 + 8 + 8 + 8 + 8 + 8 + 8 = □

→ □ × □ = □

⑯ 4 + 4 + 4 + 4 + 4 + 4 + 4 = □

→ □ × □ = □

⑰ 5 + 5 + 5 + 5 + 5 + 5 + 5 + 5 = □

→ □ × □ = □

⑱ 3 + 3 + 3 + 3 + 3 + 3 + 3 + 3 + 3 = □

→ □ × □ = □

공부 끝!

맞힌 개수 /18개

부모님 확인

오늘의 숫자 **20**에 색칠하세요.

Day 24

곱하는 수는
더하는 횟수야.

❶ 6×2
$= 6 +$ ______ $= \square$

❷ 4×4
$= 4 +$ ______ $= \square$

❸ 3×2
$= 3 +$ ______ $= \square$

❹ 8×3
$= 8 +$ ______ $= \square$

❺ 7×5
$= 7 +$ ______ $= \square$

❻ 7×3
$= 7 +$ ______ $= \square$

❼ 3×4
$= 3 +$ ______ $= \square$

❽ 2×5
$= 2 +$ ______ $= \square$

❾ 5×3
$= 5 +$ ______ $= \square$

❿ 9×4
$= 9 +$ ______ $= \square$

⓫ 8×5
$= 8 +$ ______ $= \square$

⑫ 6×5

$= 6 +$ ________________ $=$ □

⑬ 2×9

$= 2 +$ ________________ $=$ □

⑭ 3×7

$= 3 +$ ________________ $=$ □

⑮ 7×8

$= 7 +$ ________________ $=$ □

⑯ 4×6

$= 4 +$ ________________ $=$ □

⑰ 9×8

$= 9 +$ ________________ $=$ □

⑱ 8×7

$= 8 +$ ________________ $=$ □

⑲ 4×3

$= 4 +$ ______ $=$ □

공부 끝!

맞힌 개수 /19개

부모님 확인

오늘의 숫자 **75**에 색칠하세요.

연산 놀이터

미로를 빠져 나가며 만난 3을 다 더해 볼까?

부모님 확인

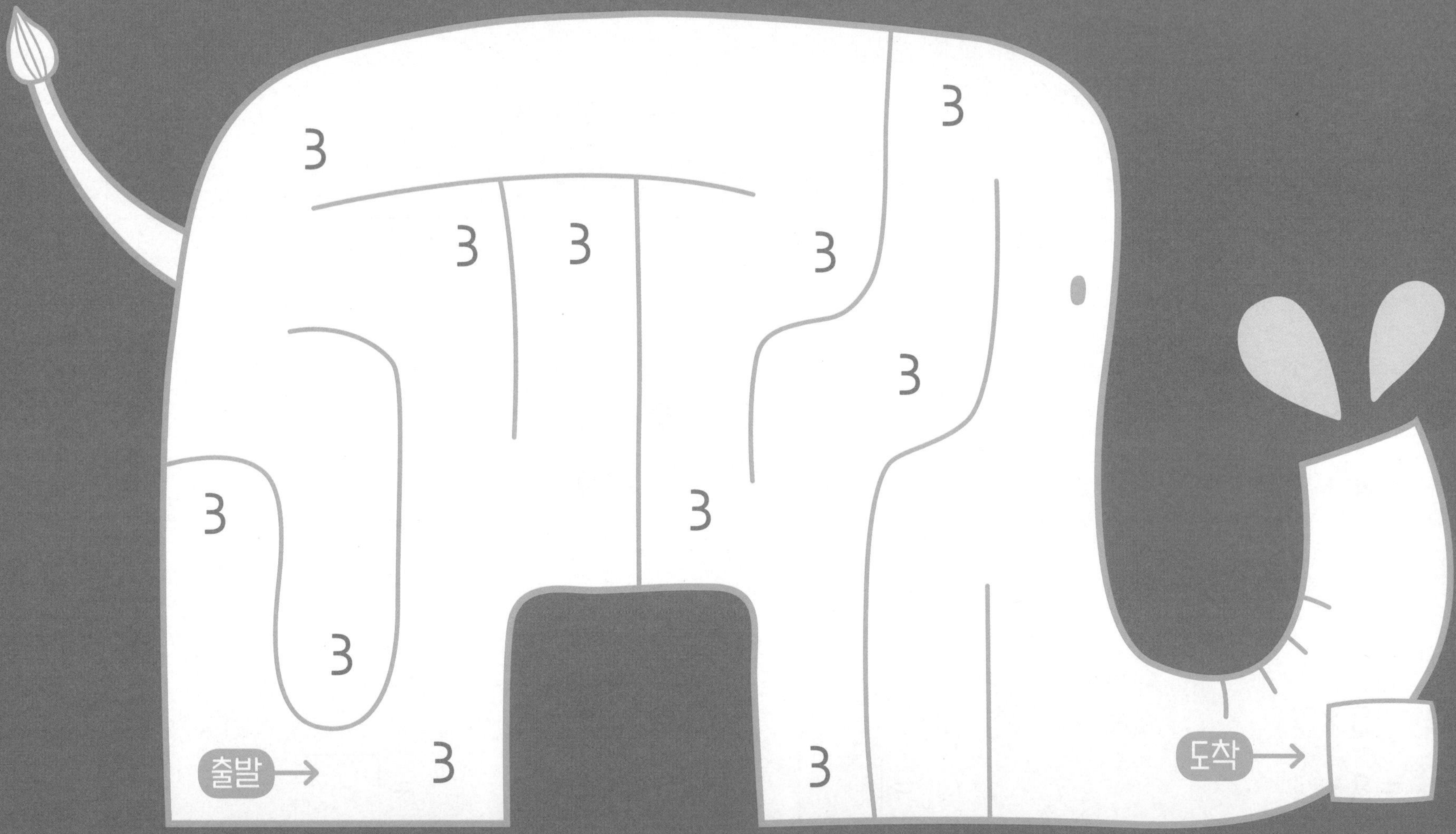

06

2단, 5단 곱셈구구

이번에는 무엇을 배울까?

❶ 먼저 설명해 주세요.

곱이 2씩, 5씩 커지는 2단, 5단 곱셈구구를
아이들에게 친숙한 그림으로 표현했습니다.
곱셈식을 순서대로 따라 읽어 보면서
2단, 5단 곱셈구구를 익혀 봅니다.

❷ 수를 이해하며 계산해요.

설명과 이어지는 그림을 이용하여
Day25와 Day26에서 재미있게 문제를 풀며
곱셈구구의 원리를 이해합니다.

❸ 충분히 연습해요.

Day27~Day29의 문제 풀이를 통해 2단, 5단
곱셈구구를 외우고, 곱셈의 기초를 다집니다.

	공부할 날짜	목표 시간	복습할 날짜
Day 25 (44)	월 / 일	분 / 13개	월 / 일
Day 26 (44)	월 / 일	분 / 15개	월 / 일
Day 27 (44)	월 / 일	분 / 37개	월 / 일
Day 28 (44)	월 / 일	분 / 33개	월 / 일
Day 29 (44)	월 / 일	분 / 38개	월 / 일

선생님의 칠판

2단, 5단 곱셈구구를 알아볼까?

2 × 1 = 2 2 × 2 = 4 2 × 3 = 6

2 단은 2 씩 커져.

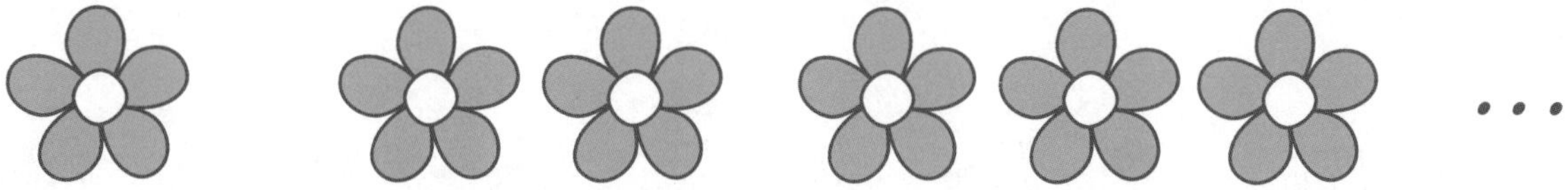

5 × 1 = 5 5 × 2 = 10 5 × 3 = 15

5 단은 5 씩 커져.

Day 25

양말의 수가 몇씩 늘어나는지 생각하며 2단 곱셈구구를 알아보자.

$2 \times 1 = 2$

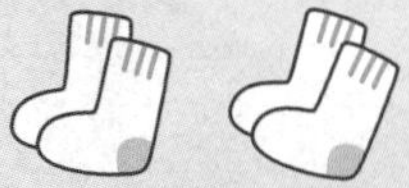

$2 \times 2 = 4$

2씩 늘어나!

❶ 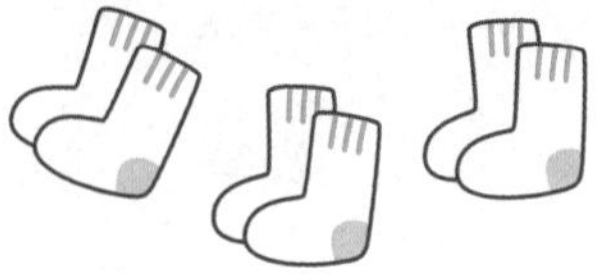

$2 \times 3 = \square$

❷ 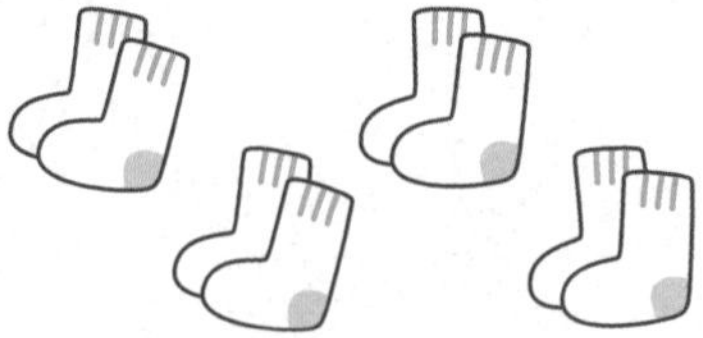

$2 \times 4 = \square$

❸ 

$2 \times 5 = \square$

❹ 

$2 \times 6 = \square$

❺ 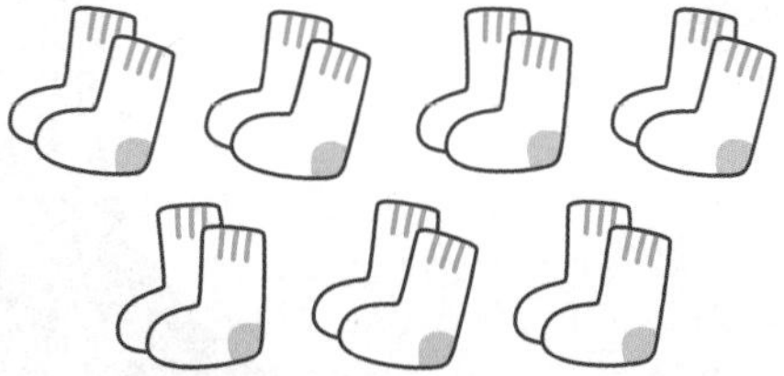

$2 \times 7 = \square$

❻ 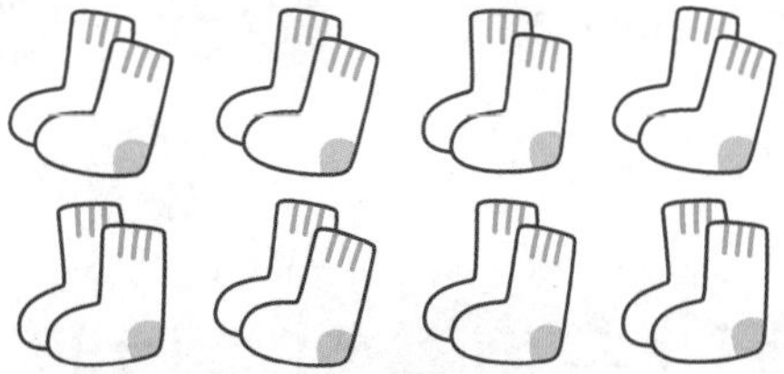

$2 \times 8 = \square$

❼ 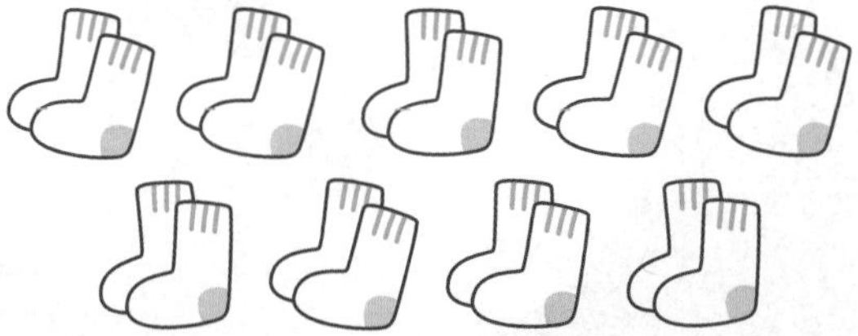

$2 \times 9 = \square$

손가락의 수가 몇씩 늘어나는지 생각하며 5단 곱셈구구를 알아보자.

5 × 1 = 5

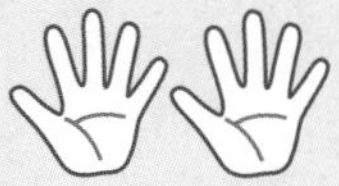

5 × 2 = 10

5 × 3 = 15

5씩 늘어나!

❽

5 × 4 = □

❾

5 × 5 = □

❿

5 × 6 = □

⓫

5 × 7 = □

⓬

5 × 8 = □

⓭

5 × 9 = □

공부 끝!

맞힌 개수 /13개

부모님 확인

오늘의 숫자 **22**에 색칠하세요.

Day 26

연결큐브가 몇씩 몇 묶음인지 생각하며 곱셈구구를 익혀 보자.

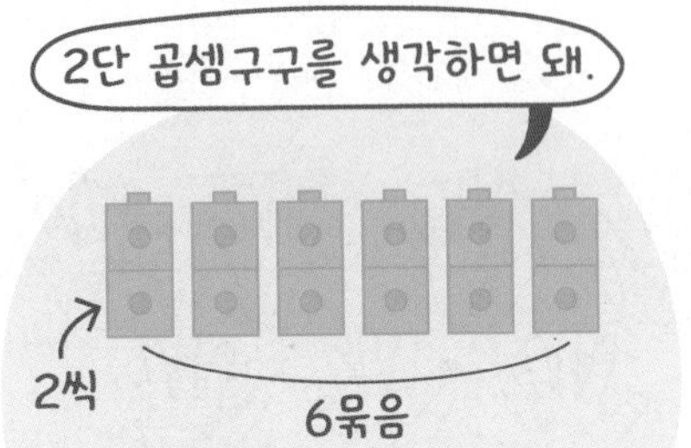

$2 \times 6 =$ 12

❶ 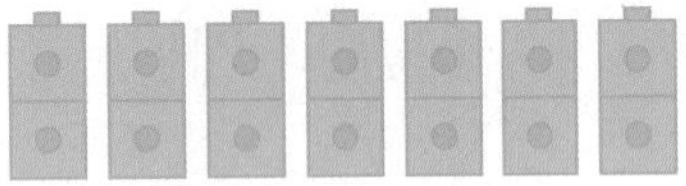

$2 \times 7 =$ □

❷ 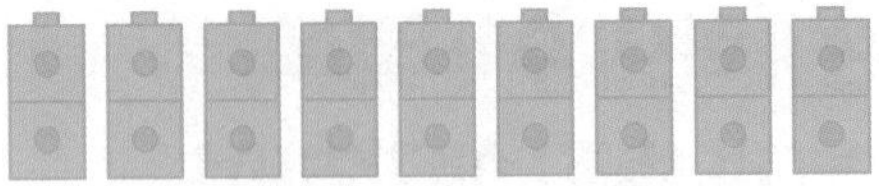

$2 \times 9 =$ □

❸ 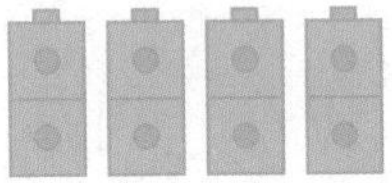

$2 \times 4 =$ □

❹ 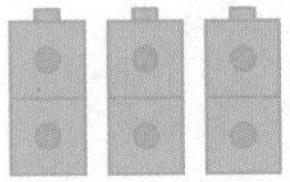

$2 \times 3 =$ □

❺ 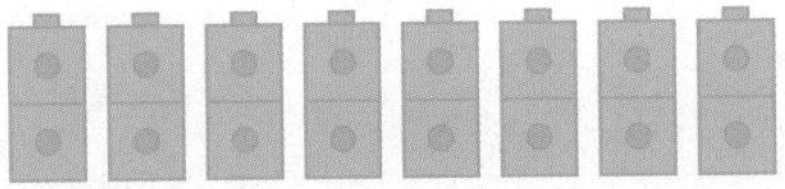

$2 \times 8 =$ □

❻ 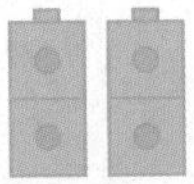

$2 \times 2 =$ □

❼ 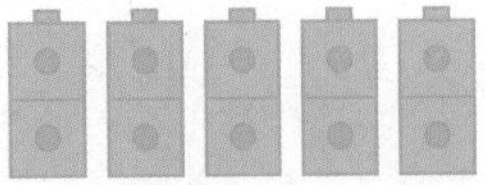

$2 \times 5 =$ □

❽ 

5 × 2 = ☐

❾ 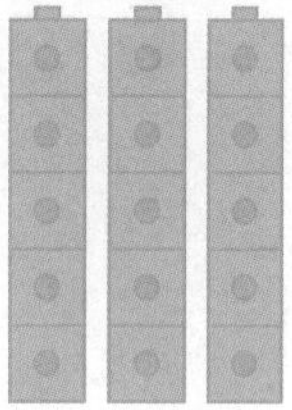

5 × 3 = ☐

❿ 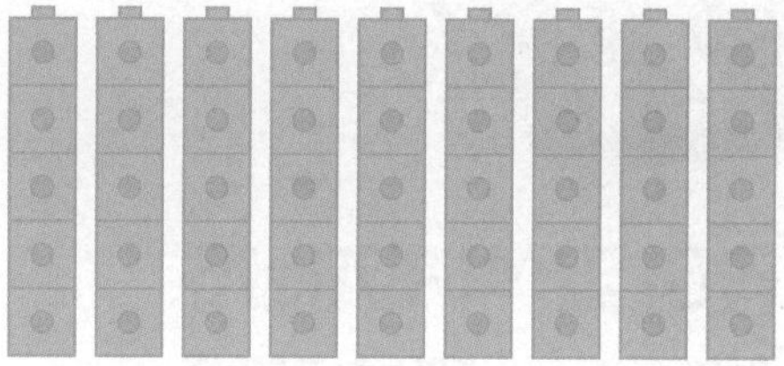

5 × 9 = ☐

⓫ 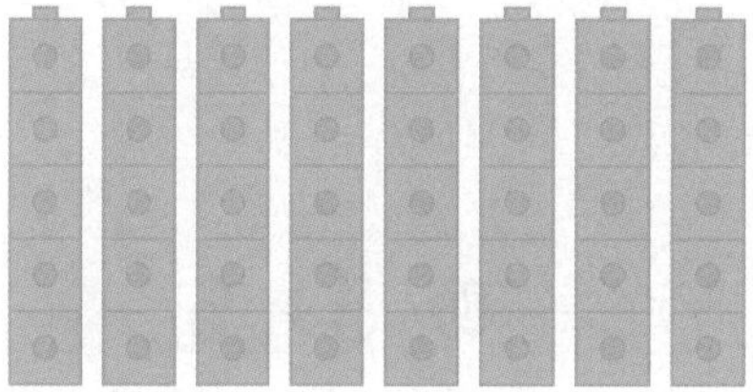

5 × 8 = ☐

⓬ 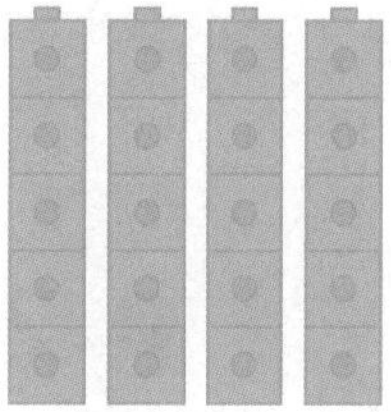

5 × 4 = ☐

⓭ 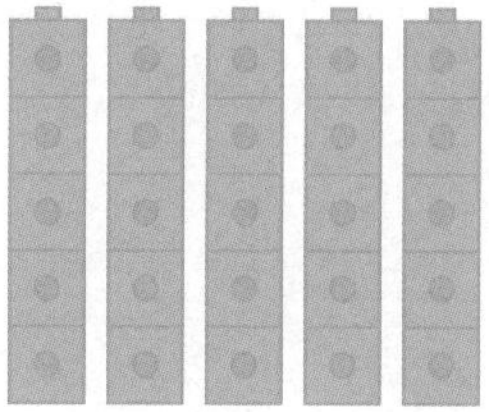

5 × 5 = ☐

⓮ 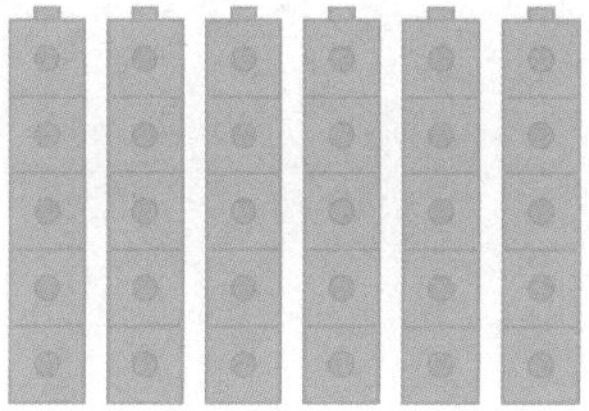

5 × 6 = ☐

⓯ 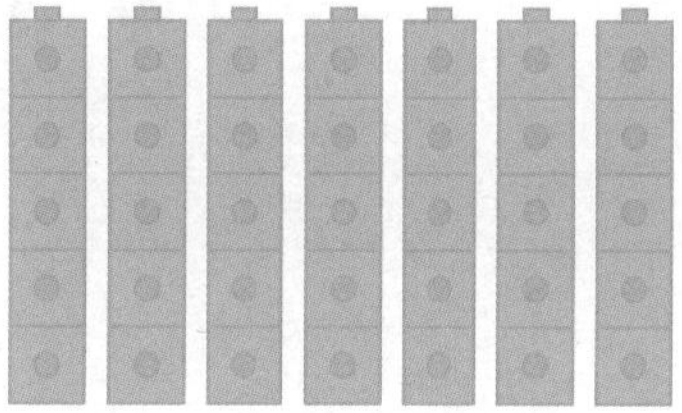

5 × 7 = ☐

공부 끝!

맞힌 개수 /15개

부모님 확인

오늘의 숫자 **80**에 색칠하세요.

Day 27

곱이 몇씩 커지는지 생각하면 곱셈구구를 쉽게 외울 수 있어.

❶ 2×7

❷ 5×5

❸ 2×5

❹ 5×1

❺ 2×6

❻ 5×3

❼ 2×8

❽ 5×9

❾ 2×1

❿ 5×6

⓫ 5×2

⓬ 2×2

⓭ 5×7

⓮ 2×9

⓯ 2×4

⓰ 5×8

⓱ 2×3

⓲ 5×4

⑲ 5×6

⑳ 2×2

㉑ 5×9

㉒ 2×4

㉓ 2×5

㉔ 5×3

㉕ 2×6

㉖ 5×5

㉗ 5×7

㉘ 2×8

㉙ 5×4

㉚ 2×1

㉛ 2×7

㉜ 5×1

㉝ 2×3

㉞ 5×8

㉟ 5×2

㊱ 2×9

㊲ 2×5

공부 끝!

맞힌 개수

/37개

부모님 확인

Day 28

잘 외웠는지 확인하면서
2단, 5단 곱셈구구를
비교해 보자.

❶ 5×6

❷ 5×7

❸ 5×8

❹ 2×6

❺ 2×7

❻ 2×8

❼ 5×9

❽ 2×9

❾ 5×2

❿ 2×2

⓫ 5×4

⓬ 2×4

⓭ 5×3

⓮ 2×3

⓯ 5×1

⓰ 2×1

⓱ 5×5

⓲ 2×5

⑲

2	7

빈 곳에 두 수의
곱을 써 보자.

⑳

5	7

㉑

2	3

㉒

5	3

㉓

5	5

㉔

2	5

㉕

5	8

㉖

2	8

㉗

2	9

㉘

5	9

㉙

2	6

㉚

5	6

㉛

5	2

㉜

2	2

㉝

5	1

공부 끝!

맞힌 개수

/33개

부모님 확인

오늘의 숫자 **95**에 색칠하세요.

월 일 /8 분

Day 29

2단, 5단 곱셈구구를 외워 곱셈식을 완성해 보자.

❶ $2 \times \square = 8$ (2에 몇을 곱해야 8이 될까?)

❷ $5 \times \square = 20$

❸ $2 \times \square = 4$

❹ $5 \times \square = 35$

❺ $2 \times \square = 2$

❻ $5 \times \square = 40$

❼ $2 \times \square = 14$

❽ $2 \times \square = 6$

❾ $5 \times \square = 45$

❿ $2 \times \square = 18$

⓫ $5 \times \square = 10$

⓬ $5 \times \square = 30$

⓭ $2 \times \square = 16$

⓮ $5 \times \square = 5$

⓯ $2 \times \square = 12$

⓰ $2 \times \square = 10$

⓱ $5 \times \square = 15$

⓲ $2 \times \square = 14$

⓳ $5 \times \square = 25$

⑳ 35 = 5 × □

㉑ 6 = 2 × □

㉒ 15 = 5 × □

㉓ 16 = 2 × □

㉔ 2 = 2 × □

㉕ 20 = 5 × □

㉖ 14 = 2 × □

㉗ 10 = 5 × □

㉘ 40 = 5 × □

㉙ 18 = 2 × □

㉚ 5 = 5 × □

㉛ 12 = 2 × □

㉜ 10 = 2 × □

㉝ 25 = 5 × □

㉞ 8 = 2 × □

㉟ 45 = 5 × □

㊱ 15 = 5 × □

㊲ 4 = 2 × □

㊳ 30 = 5 × □

공부 끝!

맞힌 개수

/38개

부모님 확인

오늘의 숫자 **27**에 색칠하세요.

연산 놀이터

힌트를 보고 메뉴판을 완성해 볼까?

부모님 확인

메뉴판

메뉴	포인트
	10포인트
	15포인트
	30포인트

힌트

돈가스 = 2 × 5 (포인트)

피자 = 5 × 3 (포인트)

치킨 = 2 × 7 (포인트)

떡볶이 = 5 × 6 (포인트)

핫도그 = 2 × 4 (포인트)

07

3단, 6단 곱셈구구

이번에는 무엇을 배울까?

2단, 5단 곱셈구구 | **3단, 6단 곱셈구구** | 4단, 8단 곱셈구구

이렇게 지도해요!

❶ 먼저 설명해 주세요.

곱이 3씩, 6씩 커지는 3단, 6단 곱셈구구를 아이들에게 친숙한 그림으로 표현했습니다. 곱셈식을 순서대로 따라 읽어 보면서 3단, 6단 곱셈구구를 익혀 봅니다.

❷ 수를 이해하며 계산해요.

설명과 이어지는 그림을 이용하여 Day30과 Day31에서 재미있게 문제를 풀며 곱셈구구의 원리를 이해합니다.

❸ 충분히 연습해요.

Day32~Day34의 문제 풀이를 통해 3단, 6단 곱셈구구를 외우고, 곱셈의 기초를 다집니다.

스스로 계획을 세워요!

	공부할 날짜	목표 시간	복습할 날짜
Day 30/44	월 / 일	분 / 13개	월 / 일
Day 31/44	월 / 일	분 / 15개	월 / 일
Day 32/44	월 / 일	분 / 37개	월 / 일
Day 33/44	월 / 일	분 / 33개	월 / 일
Day 34/44	월 / 일	분 / 38개	월 / 일

선생님의 칠판

3단, 6단 곱셈구구를 알아볼까?

3 × 1 = 3 　 3 × 2 = 6 　 3 × 3 = 9

3 단은 3 씩 커져.

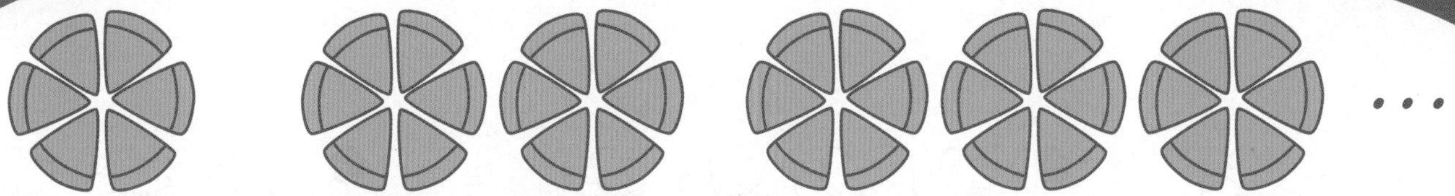

6 × 1 = 6 　 6 × 2 = 12 　 6 × 3 = 18

6 단은 6 씩 커져.

Day 30

잎의 수가 몇씩 늘어나는지 생각하며 3단 곱셈구구를 알아보자.

3 × 1 = 3

3 × 2 = 6

3씩 늘어나!

❶

3 × 3 = ☐

❷

3 × 4 = ☐

❸

3 × 5 = ☐

❹

3 × 6 = ☐

❺

3 × 7 = ☐

❻

3 × 8 = ☐

❼

3 × 9 = ☐

달걀의 수가 몇씩 늘어나는지 생각하며 6단 곱셈구구를 알아보자.

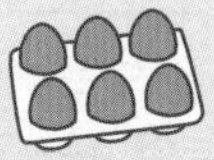

$6 \times 1 = 6$

$6 \times 2 = 12$

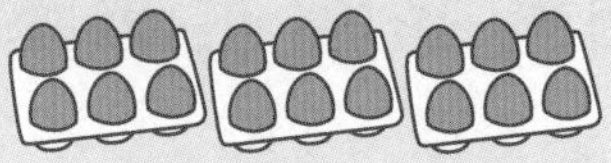

$6 \times 3 = 18$

6씩 늘어나!

❽ 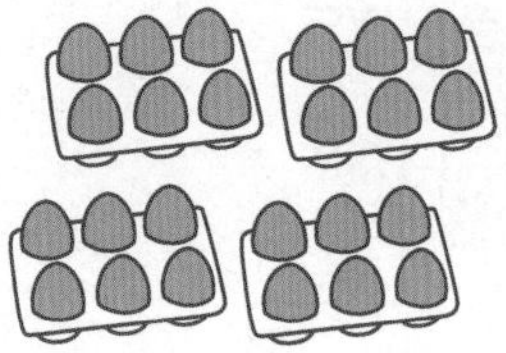

$6 \times 4 = \square$

❾ 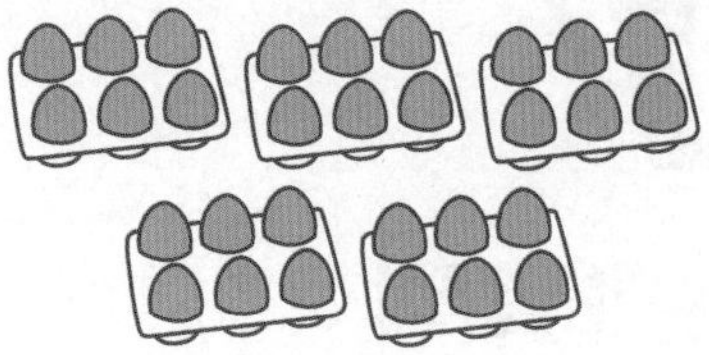

$6 \times 5 = \square$

❿ 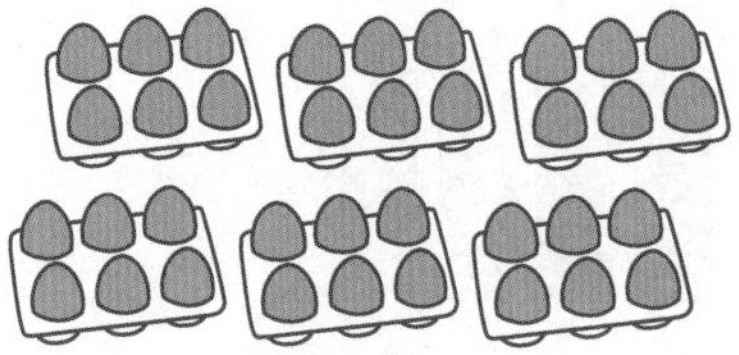

$6 \times 6 = \square$

⓫ 

$6 \times 7 = \square$

⓬ 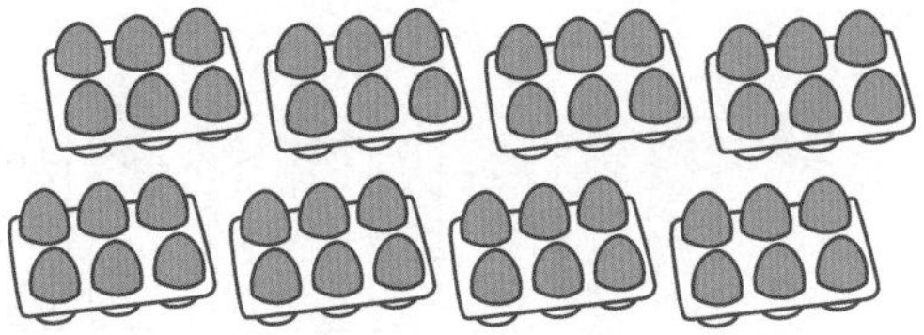

$6 \times 8 = \square$

⓭ 

$6 \times 9 = \square$

공부 끝!

맞힌 개수 /13개

부모님 확인

오늘의 숫자 **30**에 색칠하세요.

Day 31

연결큐브가 몇씩 몇 묶음인지 생각하며 곱셈구구를 익혀 보자.

3단 곱셈구구를 생각하면 돼.

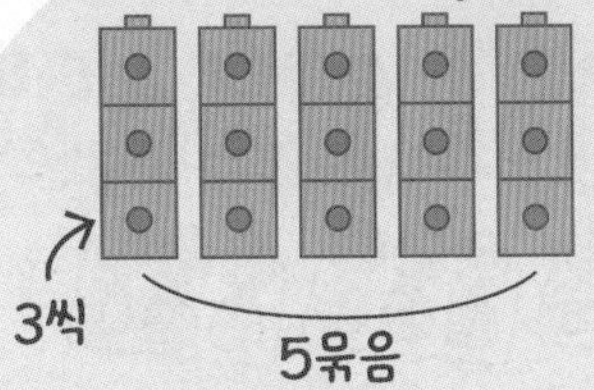

3 × 5 = 15

❶ 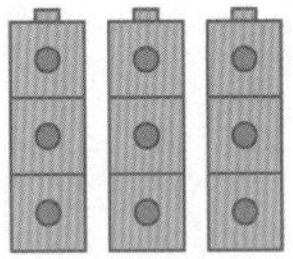

3 × 3 = ☐

❷ 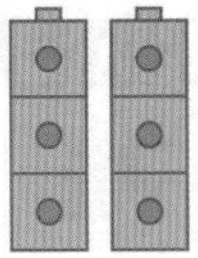

3 × 2 = ☐

한 묶음이 늘어나면 3씩 늘어나는 거야.

❸ 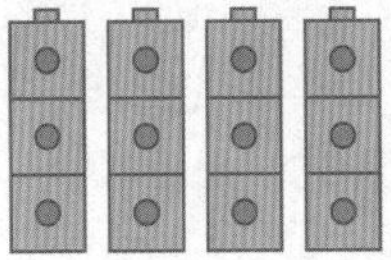

3 × 4 = ☐

❹ 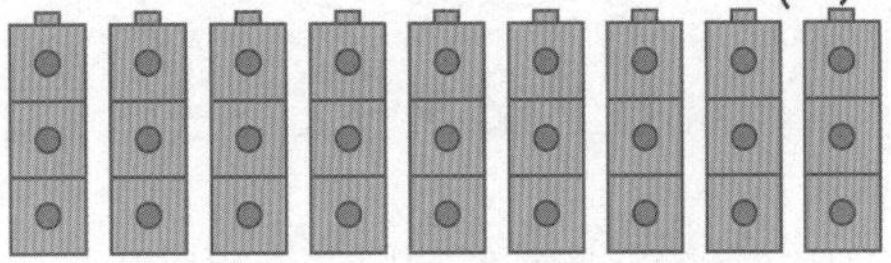

3 × 9 = ☐

❺ 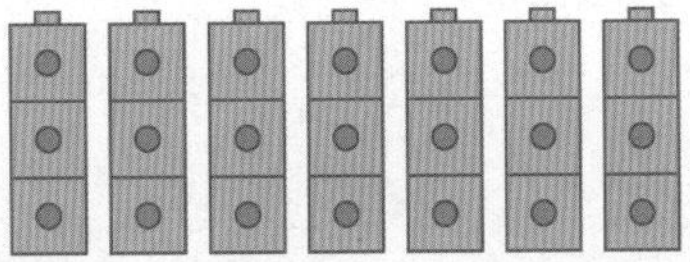

3 × 7 = ☐

❻ 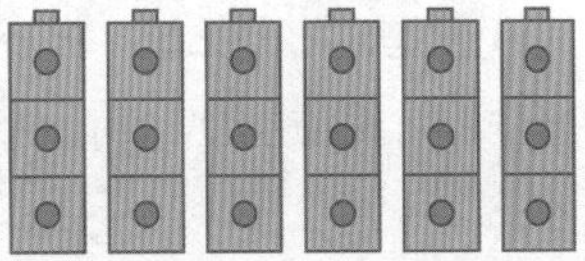

3 × 6 = ☐

❼ 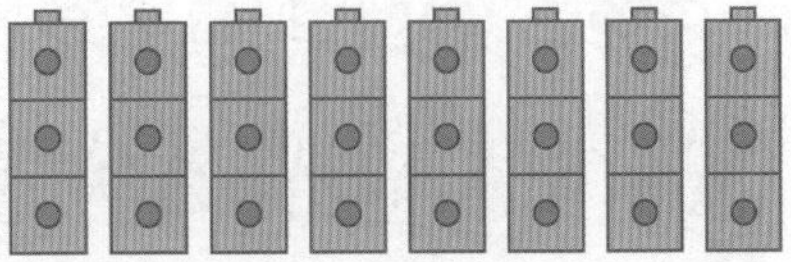

3 × 8 = ☐

❽
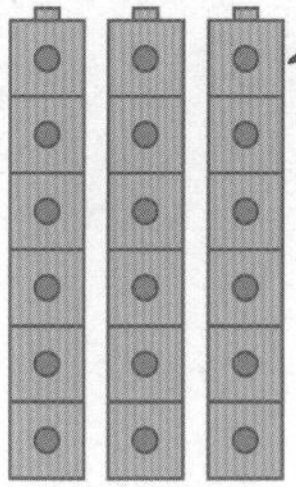

6씩 3묶음이니까
6단 곱셈구구를
생각하면 돼.

6 × 3 = ☐

❾
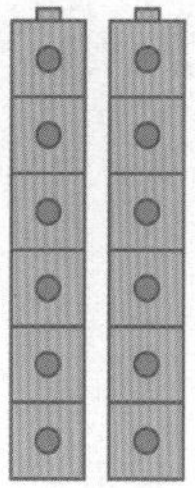

6 × 2 = ☐

❿
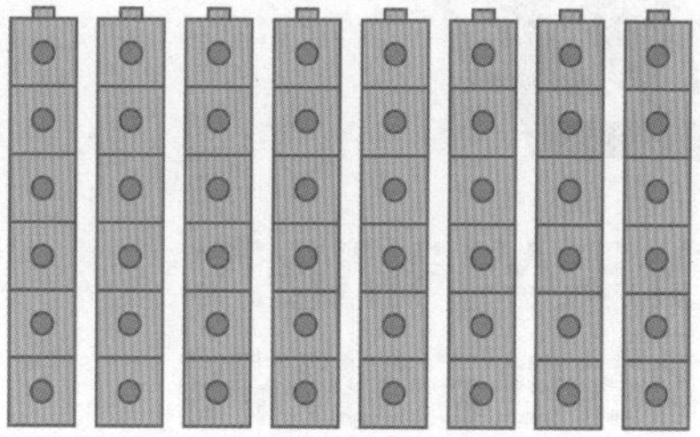

6 × 8 = ☐

⓫
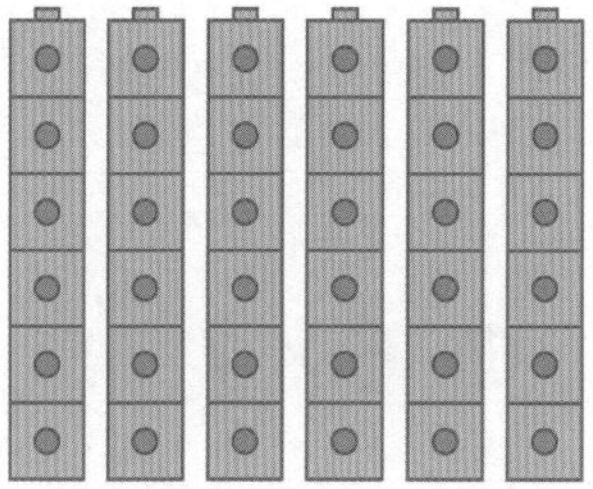

6 × 6 = ☐

⓬
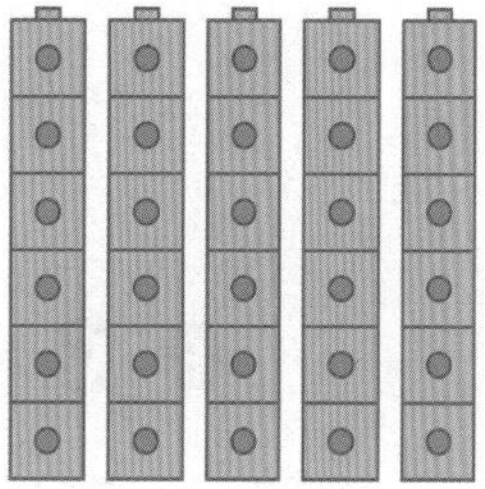

6 × 5 = ☐

⓭
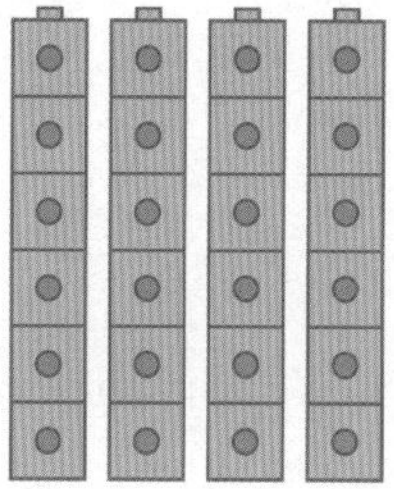

6 × 4 = ☐

⓮
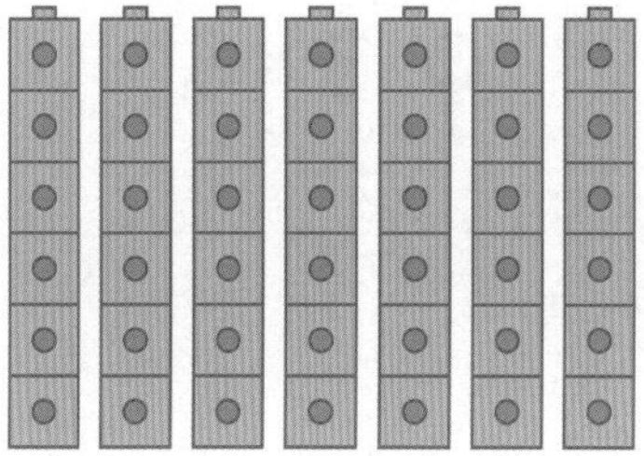

6 × 7 = ☐

⓯
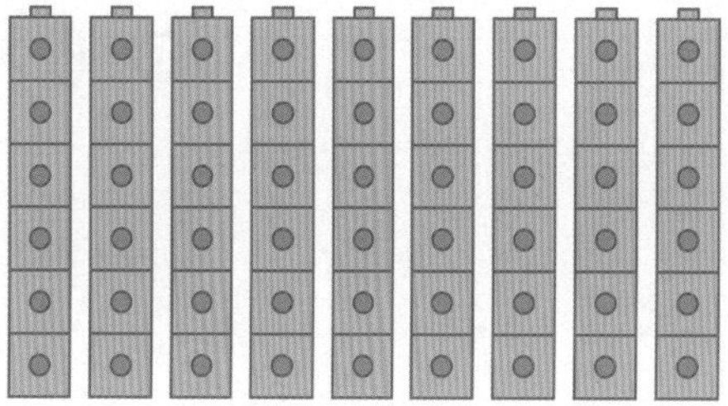

6 × 9 = ☐

공부 끝!

맞힌 개수

/15개

부모님 확인

오늘의 숫자 **47**에 색칠하세요.

월 일 /6 분

Day 32

곱이 몇씩 커지는지 생각하면 곱셈구구를 쉽게 외울 수 있어.

❶ 3×6

❷ 6×1

❸ 3×3

❹ 6×5

❺ 3×9

❻ 6×8

❼ 3×4

❽ 6×6

❾ 3×7

❿ 6×7

⓫ 6×3

⓬ 3×1

⓭ 6×4

⓮ 3×8

⓯ 3×5

⓰ 6×9

⓱ 3×2

⓲ 6×2

⑲ 6×4	⑳ 3×3	㉑ 6×9	㉒ 3×8
㉓ 3×1	㉔ 6×2	㉕ 3×6	㉖ 6×7
㉗ 6×8	㉘ 3×5	㉙ 6×3	㉚ 3×2
㉛ 3×9	㉜ 6×5	㉝ 3×4	㉞ 6×6
㉟ 6×1	㊱ 3×7	㊲ 6×2	

공부 끝!

맞힌 개수 /37개

부모님 확인

오늘의 숫자 **11**에 색칠하세요.

월 일 /6 분

Day 33

잘 외웠는지 확인하면서
3단, 6단 곱셈구구를
비교해 보자.

❶ 6×7

❷ 6×8

❸ 6×9

❹ 3×7

❺ 3×8

❻ 3×9

❼ 6×3

❽ 3×3

❾ 6×1

❿ 3×1

⓫ 6×2

⓬ 3×2

⓭ 6×5

⓮ 3×5

⓯ 6×4

⓰ 3×4

⓱ 6×6

⓲ 3×6

⑲ ——×——→

3	4	

⑳ ——×——→

6	4	

㉑ ——×——→

3	7	

㉒ ——×——→

6	7	

㉓ ——×——→

6	1	

㉔ ——×——→

3	1	

㉕ ——×——→

6	8	

㉖ ——×——→

3	8	

㉗ ——×——→

3	6	

㉘ ——×——→

6	6	

㉙ ——×——→

3	5	

㉚ ——×——→

6	5	

㉛ ——×——→

6	3	

㉜ ——×——→

3	3	

㉝ ——×——→

3	9	

공부 끝!

맞힌 개수

/33개

부모님 확인

오늘의 숫자 33에 색칠하세요.

Day 34

3단, 6단 곱셈구구를 외워
곱셈식을 완성해 보자.

❶ 6 × ☐ = 12

❷ 3 × ☐ = 12

❸ 6 × ☐ = 42

❹ 3 × ☐ = 6

❺ 6 × ☐ = 48

❻ 3 × ☐ = 9

❼ 6 × ☐ = 24

❽ 6 × ☐ = 18

❾ 3 × ☐ = 21

❿ 6 × ☐ = 54

⓫ 3 × ☐ = 18

⓬ 3 × ☐ = 15

⓭ 6 × ☐ = 24

⓮ 3 × ☐ = 3

⓯ 6 × ☐ = 36

⓰ 6 × ☐ = 6

⓱ 3 × ☐ = 27

⓲ 6 × ☐ = 30

⓳ 3 × ☐ = 24

⑳ $24 = 3 \times \square$

㉑ $30 = 6 \times \square$

㉒ $3 = 3 \times \square$

㉓ $12 = 6 \times \square$

㉔ $54 = 6 \times \square$

㉕ $9 = 3 \times \square$

㉖ $36 = 6 \times \square$

㉗ $6 = 3 \times \square$

㉘ $27 = 3 \times \square$

㉙ $42 = 6 \times \square$

㉚ $21 = 3 \times \square$

㉛ $48 = 6 \times \square$

㉜ $6 = 6 \times \square$

㉝ $12 = 3 \times \square$

㉞ $24 = 6 \times \square$

㉟ $15 = 3 \times \square$

㊱ $18 = 3 \times \square$

㊲ $18 = 6 \times \square$

㊳ $24 = 3 \times \square$

공부 끝!

맞힌 개수

/38개

부모님 확인

오늘의 숫자 **29**에 색칠하세요.

연산 놀이터

곱이 3, 6, 12이면 주황색, 18, 24면 분홍색, 42, 48이면 파란색을 칠해 봐.

부모님 확인

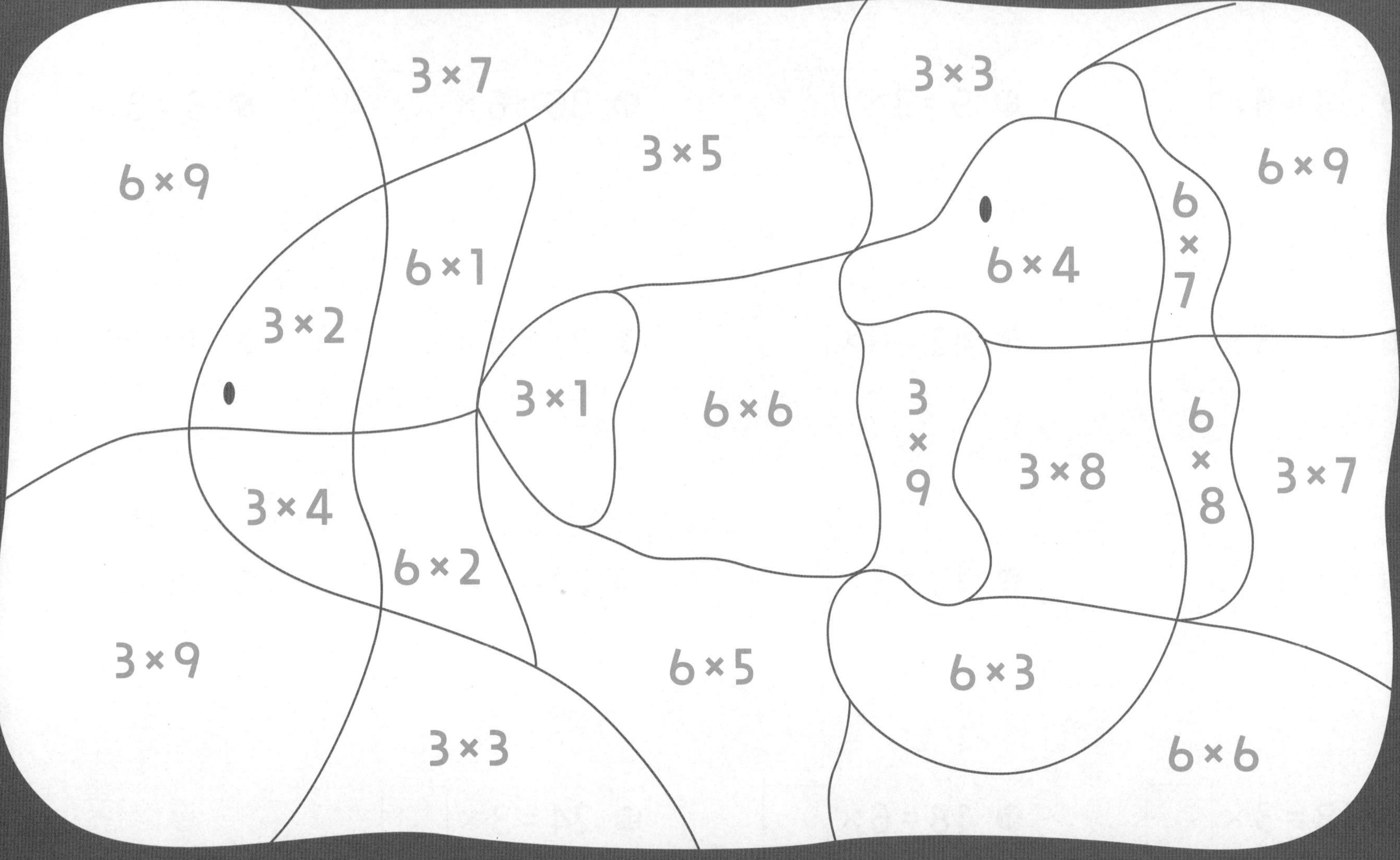

08

4단, 8단 곱셈구구

이번에는 무엇을 배울까?

3단, 6단 곱셈구구 | **4단, 8단 곱셈구구** | 7단, 9단 곱셈구구

이렇게 지도해요!

❶ 먼저 설명해 주세요.

곱이 4씩, 8씩 커지는 4단, 8단 곱셈구구를
아이들에게 친숙한 그림으로 표현했습니다.
곱셈식을 순서대로 따라 읽어 보면서
4단, 8단 곱셈구구를 익혀 봅니다.

❷ 수를 이해하며 계산해요.

설명과 이어지는 그림을 이용하여
Day35와 Day36에서 재미있게 문제를 풀며
곱셈구구의 원리를 이해합니다.

❸ 충분히 연습해요.

Day37~Day39의 문제 풀이를 통해 4단, 8단
곱셈구구를 외우고, 곱셈의 기초를 다집니다.

스스로 계획을 세워요!

	공부할 날짜	목표 시간	복습할 날짜
Day 35 / 44	월 / 일	분 / 13개	월 / 일
Day 36 / 44	월 / 일	분 / 15개	월 / 일
Day 37 / 44	월 / 일	분 / 37개	월 / 일
Day 38 / 44	월 / 일	분 / 29개	월 / 일
Day 39 / 44	월 / 일	분 / 38개	월 / 일

선생님의 칠판

4단, 8단 곱셈구구를 알아볼까?

$4 \times 1 = 4$ $4 \times 2 = 8$ $4 \times 3 = 12$

4단은 4씩 커져.

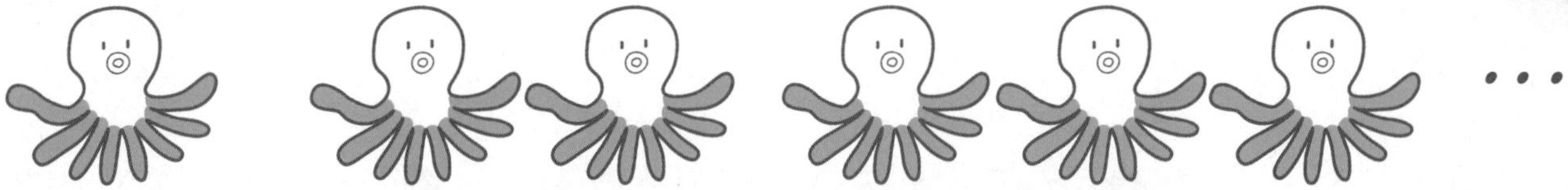

$8 \times 1 = 8$ $8 \times 2 = 16$ $8 \times 3 = 24$

8단은 8씩 커져.

Day 35

다리의 수가 몇씩 늘어나는지 생각하며 4단 곱셈구구를 알아보자.

4 × 1 = 4

4 × 2 = 8

4씩 늘어나!

❶ 

4 × 3 = ☐

❷ 

4 × 4 = ☐

❸ 

4 × 5 = ☐

❹ 

4 × 6 = ☐

❺ 

4 × 7 = ☐

❻ 

4 × 8 = ☐

❼ 

4 × 9 = ☐

조각의 수가 몇씩 늘어나는지 생각하며 8단 곱셈구구를 알아보자.

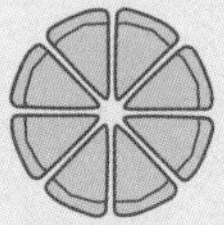

8 × 1 = 8

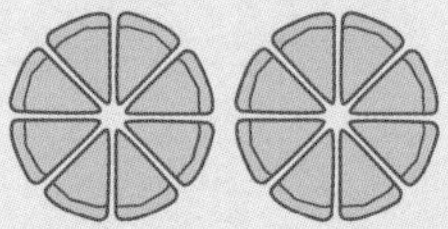

8 × 2 = 16

8씩 늘어나!

❽

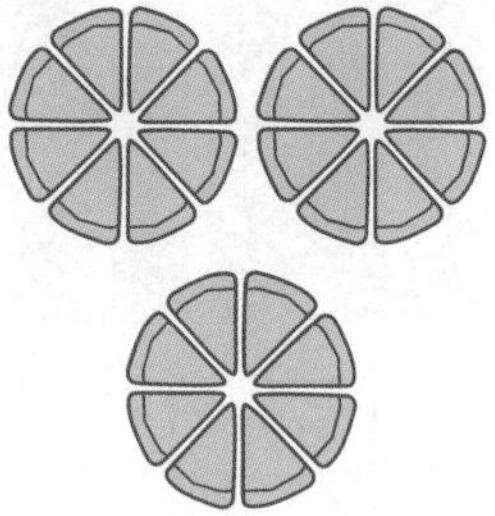

8 × 3 = ☐

❾

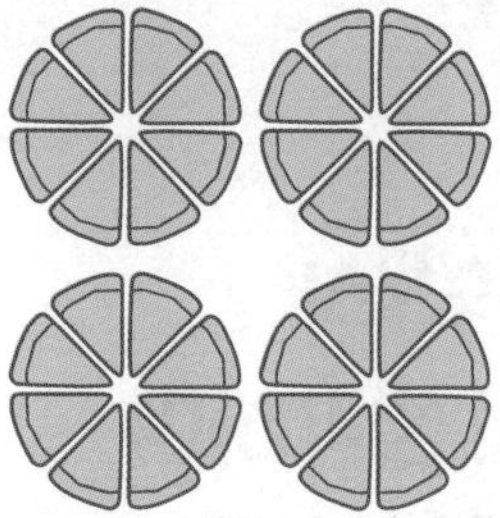

8 × 4 = ☐

❿

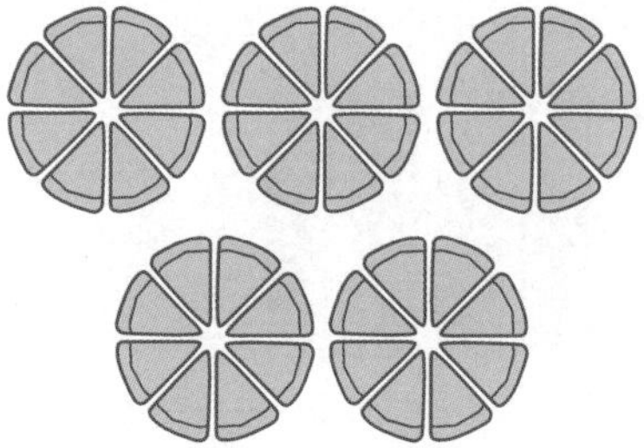

8 × 5 = ☐

⓫

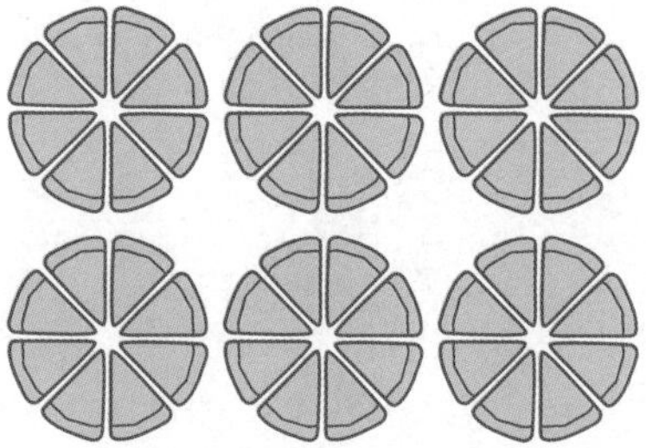

8 × 6 = ☐

⓬

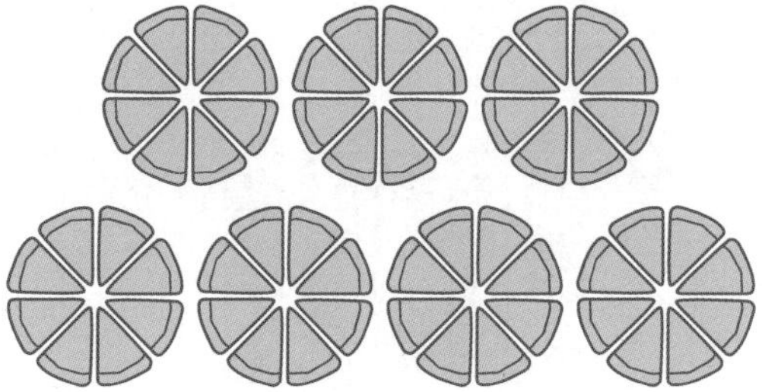

8 × 7 = ☐

⓭

8 × 8 = ☐

공부 끝!

맞힌 개수 /13개

부모님 확인

오늘의 숫자 **34**에 색칠하세요.

Day 36

**연결큐브가 몇씩
몇 묶음인지 생각하며
곱셈구구를 익혀 보자.**

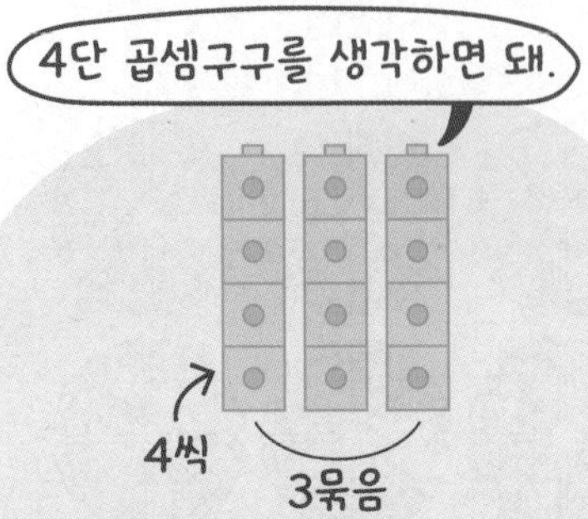

4 × 3 = 12

❶ 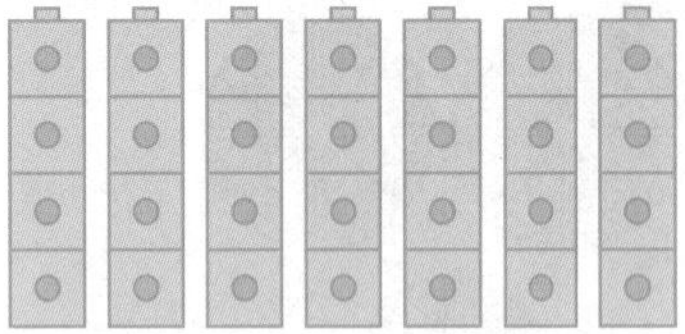

4 × 7 = ☐

❷ 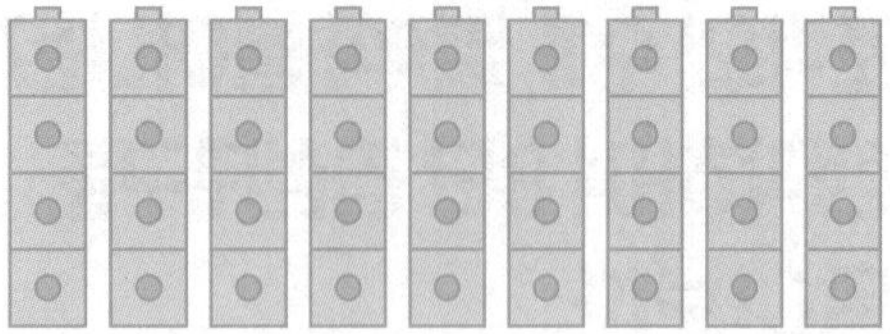

4 × 9 = ☐

❸ 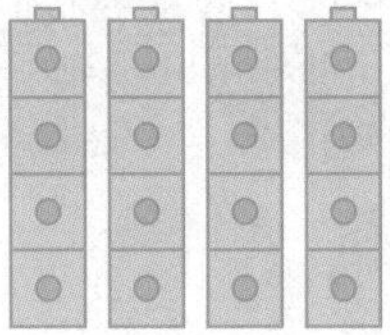

4 × 4 = ☐

❹ 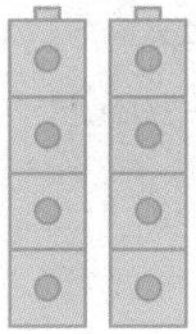

4 × 2 = ☐

❺ 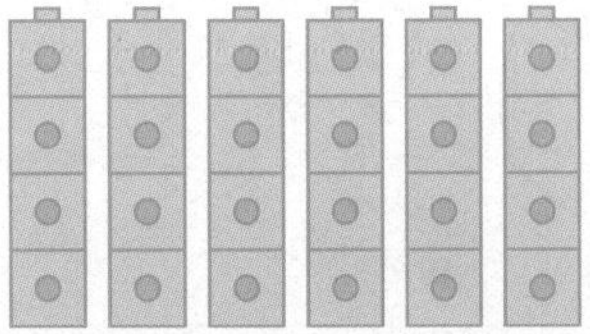

4 × 6 = ☐

❻ 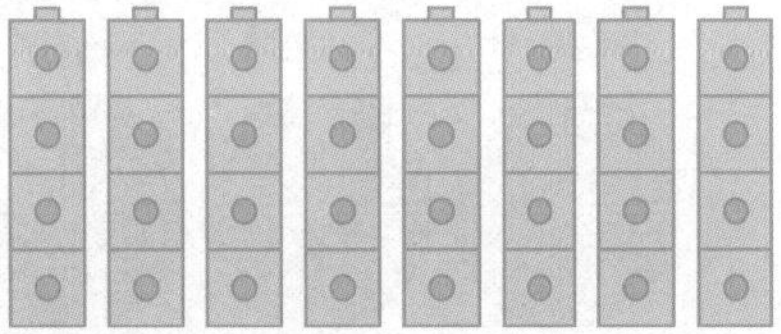

4 × 8 = ☐

❼ 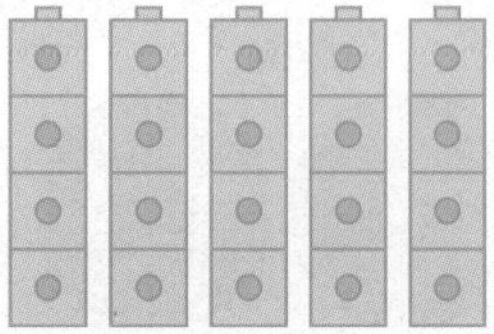

4 × 5 = ☐

❽ 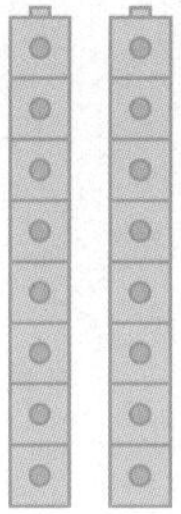

8씩 2묶음이니까 8단 곱셈구구를 생각하면 돼.

$8 \times 2 =$ ☐

❾ 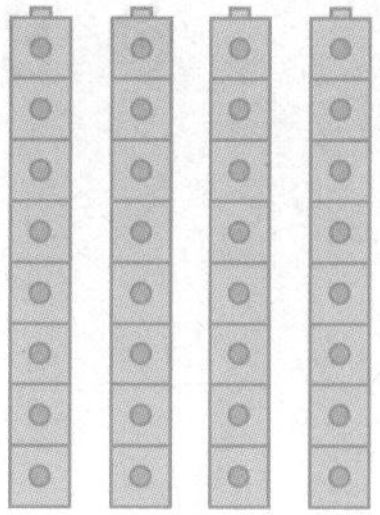

$8 \times 4 =$ ☐

❿ 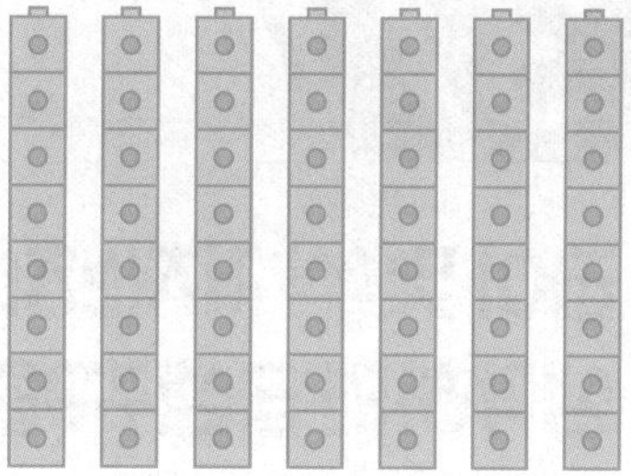

$8 \times 7 =$ ☐

⓫ 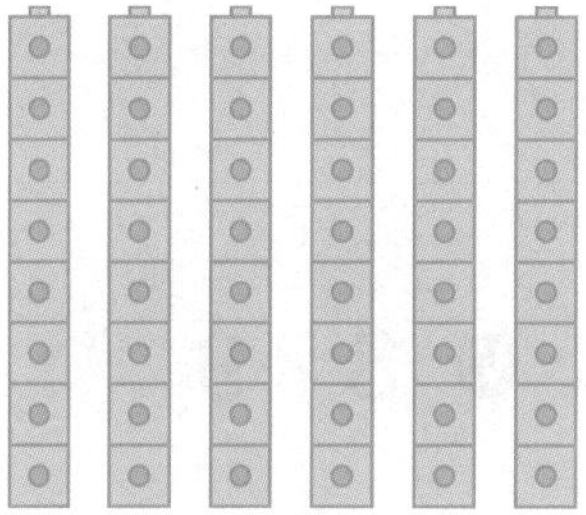

$8 \times 6 =$ ☐

⓬ 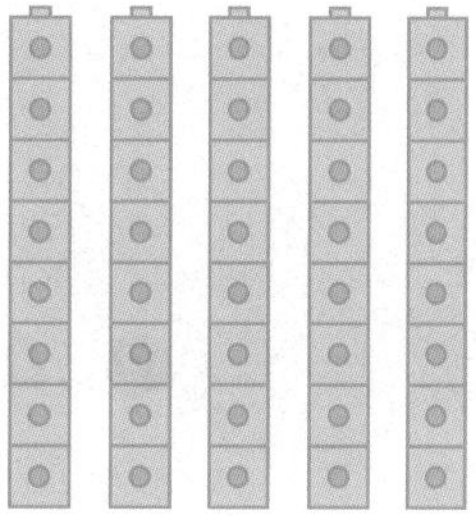

$8 \times 5 =$ ☐

⓭ 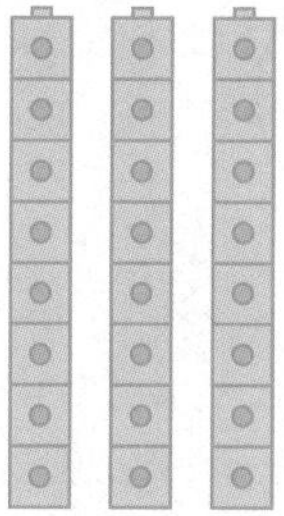

$8 \times 3 =$ ☐

⓮ 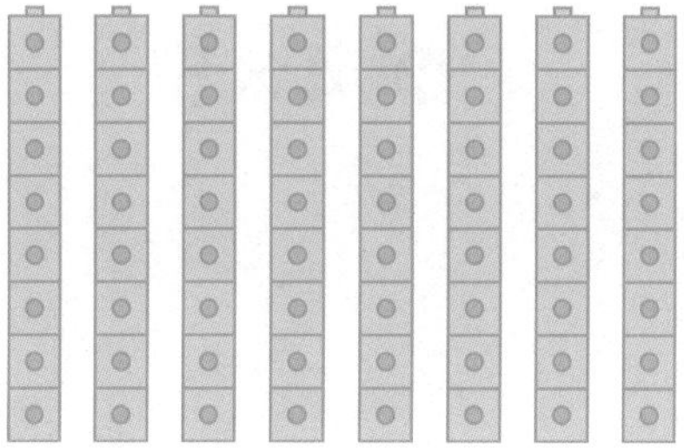

$8 \times 8 =$ ☐

⓯ 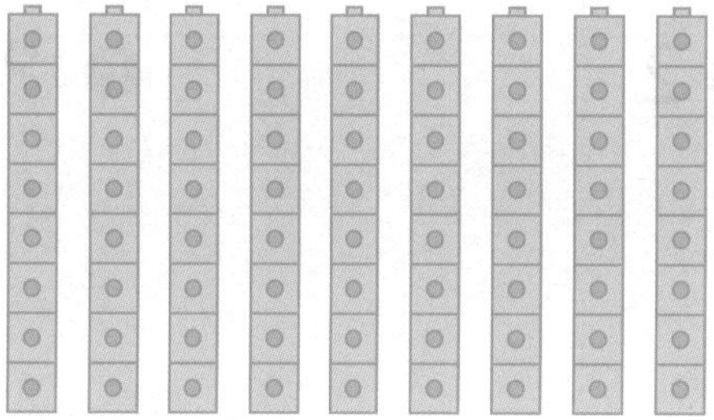

$8 \times 9 =$ ☐

공부 끝!

맞힌 개수 /15개

부모님 확인

오늘의 숫자 **19**에 색칠하세요.

월 일 /6 분

Day 37

곱이 몇씩 커지는지 생각하면 곱셈구구를 쉽게 외울 수 있어.

1. 4×6
2. 8×6
3. 4×7
4. 8×5
5. 4×9
6. 8×3
7. 4×3
8. 8×2
9. 4×8
10. 8×9
11. 8×7
12. 4×2
13. 8×1
14. 4×5
15. 4×1
16. 8×4
17. 4×4
18. 8×8

⑲ 8×1

⑳ 4×6

㉑ 8×2

㉒ 4×4

㉓ 4×8

㉔ 8×9

㉕ 4×2

㉖ 8×3

㉗ 8×7

㉘ 4×5

㉙ 8×5

㉚ 4×9

㉛ 4×3

㉜ 8×8

㉝ 4×1

㉞ 8×6

㉟ 8×9

㊱ 4×7

㊲ 8×4

공부 끝!

맞힌 개수

/37개

부모님 확인

오늘의 숫자 **37**에 색칠하세요.

월 일 /5 분

Day 38

잘 외웠는지 확인하면서
4단, 8단 곱셈구구를
비교해 보자.

❶ 4×4
❷ 4×5
❸ 4×6
❹ 8×4
❺ 8×5
❻ 8×6
❼ 4×3
❽ 8×3
❾ 4×8
❿ 8×8
⓫ 4×1
⓬ 8×1
⓭ 4×7
⓮ 8×7
⓯ 4×2
⓰ 8×2
⓱ 4×9
⓲ 8×9

⑲ $4 \times 2 =$ □

⑳ $8 \times 2 =$ □

㉑ $4 \times 5 =$ □

㉒ $8 \times 5 =$ □

㉓ $4 \times 8 =$ □

㉔ $8 \times 8 =$ □

㉕ $4 \times 3 =$ □

㉖ $8 \times 3 =$ □

㉗ $4 \times 4 =$ □

㉘ $8 \times 4 =$ □

㉙ $8 \times 7 =$ □

공부 끝!

맞힌 개수

/29개

부모님 확인

오늘의 숫자 **26**에 색칠하세요.

월 일 /8 분

Day 39

4단, 8단 곱셈구구를 외워 곱셈식을 완성해 보자.

❶ $8 \times \square = 24$ (8에 / 몇을 곱해야 / 24가 될까?)

❷ $4 \times \square = 8$

❸ $8 \times \square = 72$

❹ $4 \times \square = 24$

❺ $8 \times \square = 16$

❻ $4 \times \square = 16$

❼ $8 \times \square = 56$

❽ $8 \times \square = 48$

❾ $4 \times \square = 4$

❿ $8 \times \square = 64$

⓫ $4 \times \square = 36$

⓬ $4 \times \square = 32$

⓭ $8 \times \square = 8$

⓮ $4 \times \square = 20$

⓯ $8 \times \square = 40$

⓰ $8 \times \square = 56$

⓱ $4 \times \square = 12$

⓲ $8 \times \square = 32$

⓳ $4 \times \square = 28$

⑳ $16 = 4 \times \square$

㉑ $64 = 8 \times \square$

㉒ $8 = 4 \times \square$

㉓ $72 = 8 \times \square$

㉔ $56 = 8 \times \square$

㉕ $28 = 4 \times \square$

㉖ $16 = 8 \times \square$

㉗ $4 = 4 \times \square$

㉘ $20 = 4 \times \square$

㉙ $8 = 8 \times \square$

㉚ $32 = 4 \times \square$

㉛ $32 = 8 \times \square$

㉜ $48 = 8 \times \square$

㉝ $36 = 4 \times \square$

㉞ $40 = 8 \times \square$

㉟ $12 = 4 \times \square$

㊱ $8 = 4 \times \square$

㊲ $24 = 8 \times \square$

㊳ $24 = 4 \times \square$

공부 끝!

맞힌 개수 /38개

부모님 확인

오늘의 숫자 **16**에 색칠하세요.

연산 놀이터

곱이 60보다 작은 점들을 작은 수부터 차례로 이어 봐.
어떤 모양이 만들어질까?

부모님 확인

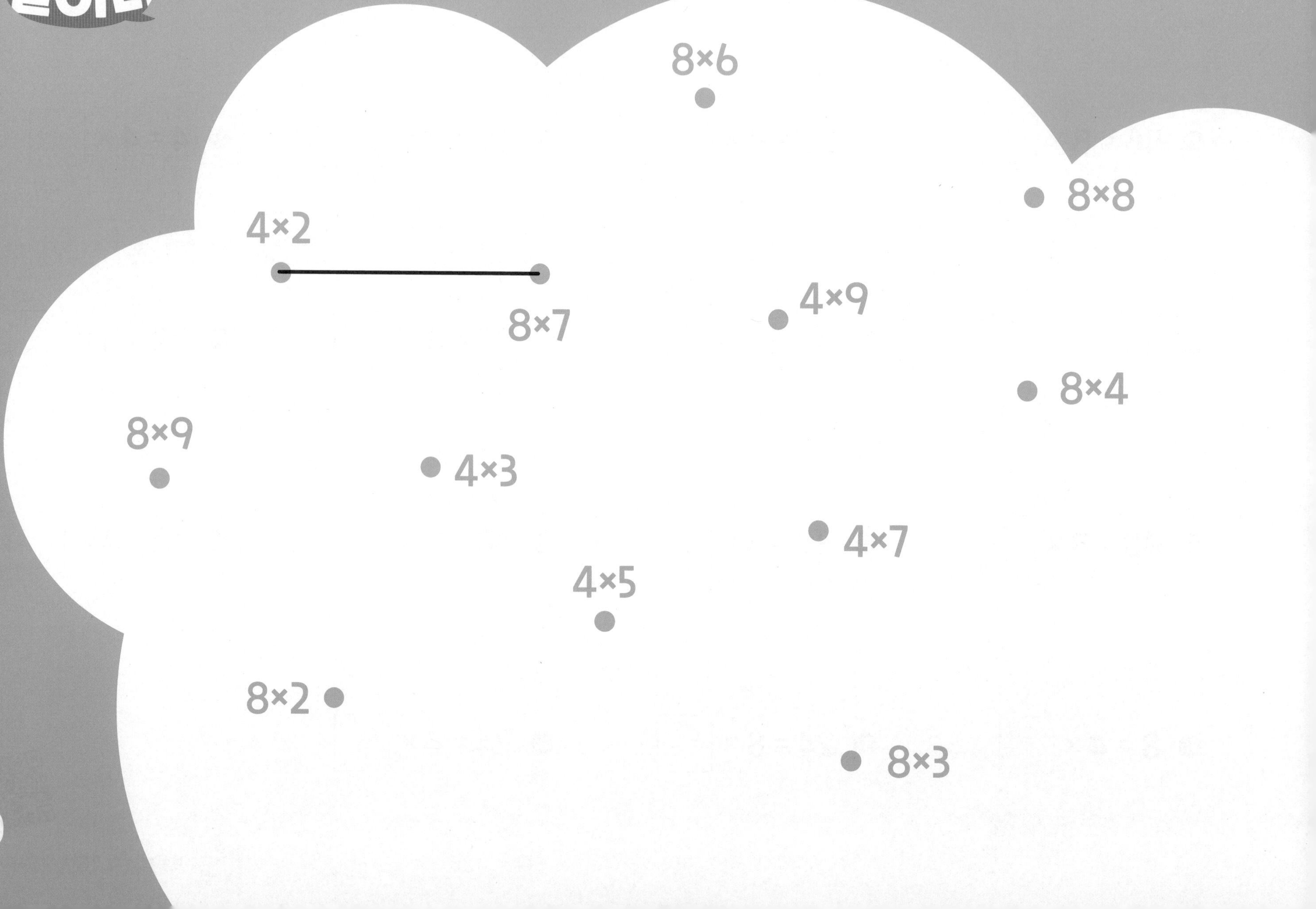

09

7단, 9단 곱셈구구

이번에는 무엇을 배울까?

이렇게 지도해요!

❶ 먼저 설명해 주세요.

곱이 7씩, 9씩 커지는 7단, 9단 곱셈구구를 아이들에게 친숙한 그림으로 표현했습니다. 곱셈식을 순서대로 따라 읽어 보면서 7단, 9단 곱셈구구를 익혀 봅니다.

❷ 수를 이해하며 계산해요.

설명과 이어지는 그림을 이용하여 Day40과 Day41에서 재미있게 문제를 풀며 곱셈구구의 원리를 이해합니다.

❸ 충분히 연습해요.

Day42~Day44의 문제 풀이를 통해 7단, 9단 곱셈구구를 외우고, 곱셈의 기초를 다집니다.

스스로 계획을 세워요!

	공부할 날짜	목표 시간	복습할 날짜
Day 40/44	월 / 일	분 / 13개	월 / 일
Day 41/44	월 / 일	분 / 15개	월 / 일
Day 42/44	월 / 일	분 / 37개	월 / 일
Day 43/44	월 / 일	분 / 29개	월 / 일
Day 44/44	월 / 일	분 / 38개	월 / 일

선생님의 칠판

7단, 9단 곱셈구구를 알아볼까?

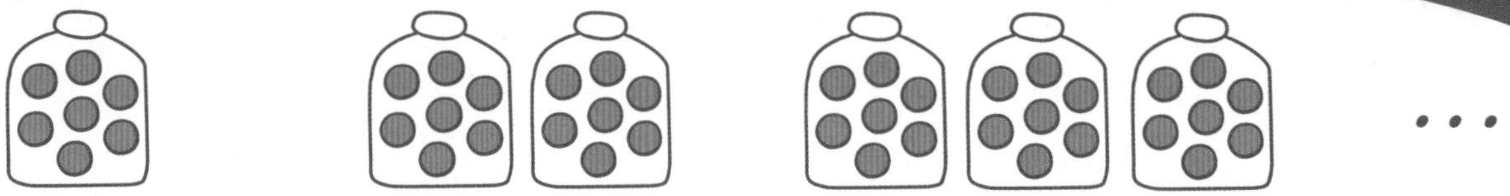

7 × 1 = 7　　7 × 2 = 14　　7 × 3 = 21

7 단은 7 씩 커져.

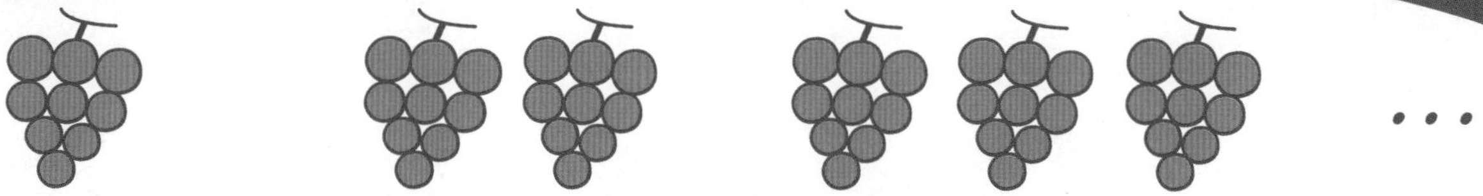

9 × 1 = 9　　9 × 2 = 18　　9 × 3 = 27

9 단은 9 씩 커져.

Day 40

잎의 수가 몇씩 늘어나는지 생각하며 7단 곱셈구구를 알아보자.

$7 \times 1 = 7$

$7 \times 2 = 14$

7씩 늘어나!

❶ 

$7 \times 3 =$ □

❷ 

$7 \times 4 =$ □

❸ 

$7 \times 5 =$ □

❹ 

$7 \times 6 =$ □

❺ 

$7 \times 7 =$ □

❻ 

$7 \times 8 =$ □

❼ 

$7 \times 9 =$ □

쿠키의 수가 몇씩 늘어나는지 생각하며 9단 곱셈구구를 알아보자.

9 × 1 = 9

9 × 2 = 18

9 × 3 = 27

9씩 늘어나!

❽

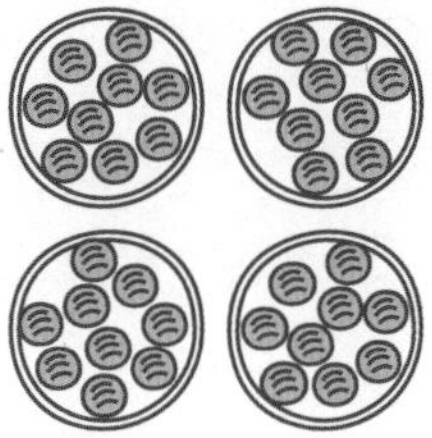

9 × 4 = ☐

❾

9 × 5 = ☐

❿

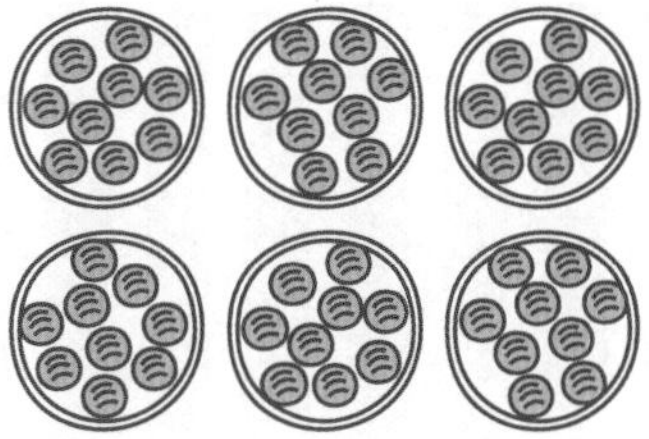

9 × 6 = ☐

⓫

9 × 7 = ☐

⓬

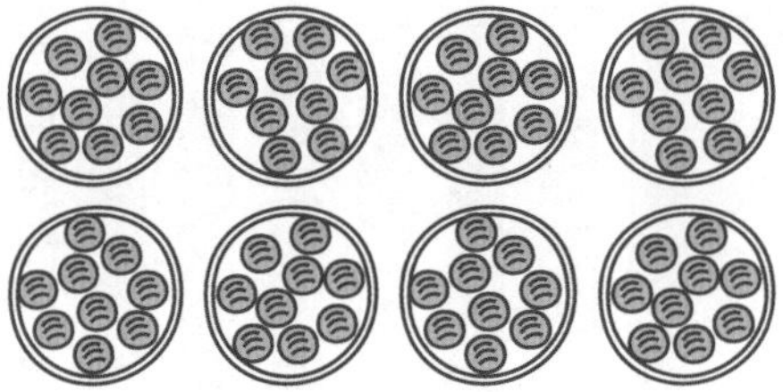

9 × 8 = ☐

⓭

9 × 9 = ☐

공부 끝!

맞힌 개수 /13개

부모님 확인

오늘의 숫자 **40**에 색칠하세요.

Day 41

연결큐브가 몇씩 몇 묶음인지 생각하며 곱셈구구를 익혀 보자.

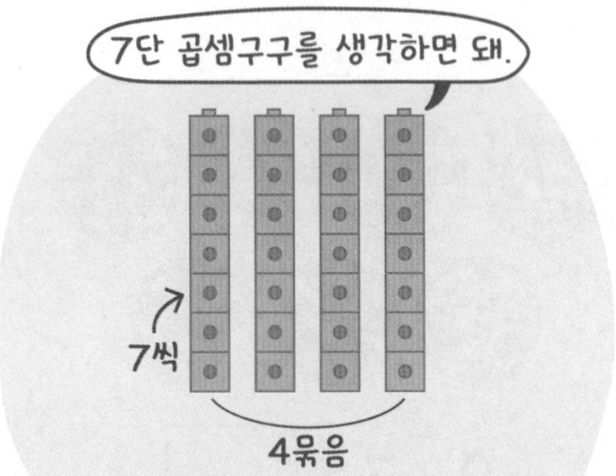

7 × 4 = 28

❶
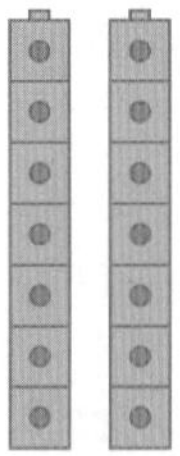

7 × 2 = ☐

❷
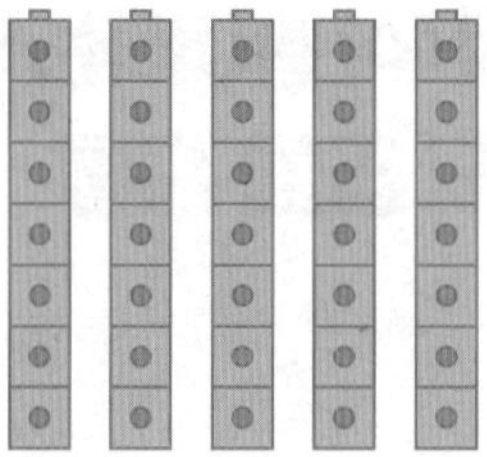

7 × 5 = ☐

❸
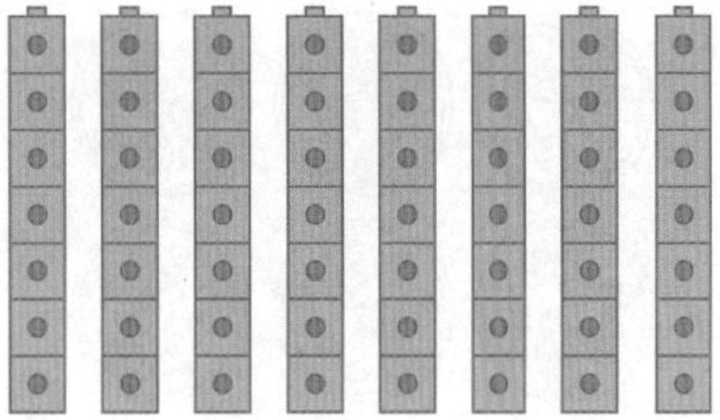

7 × 8 = ☐

❹
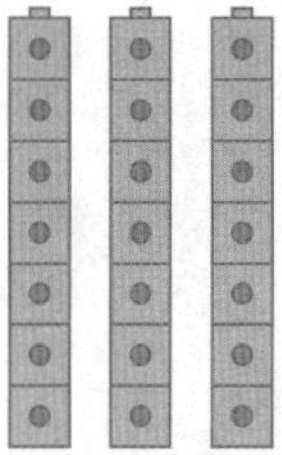

7 × 3 = ☐

❺
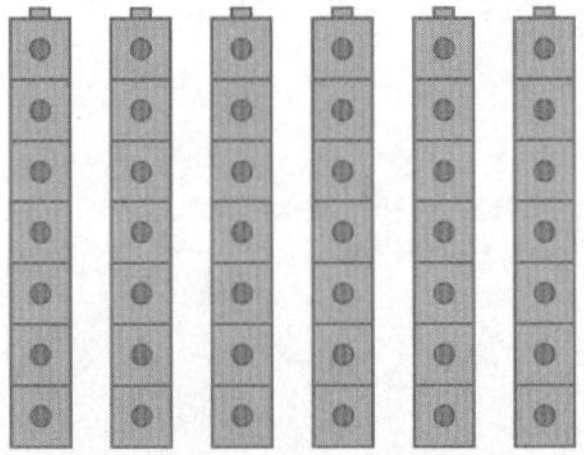

7 × 6 = ☐

❻
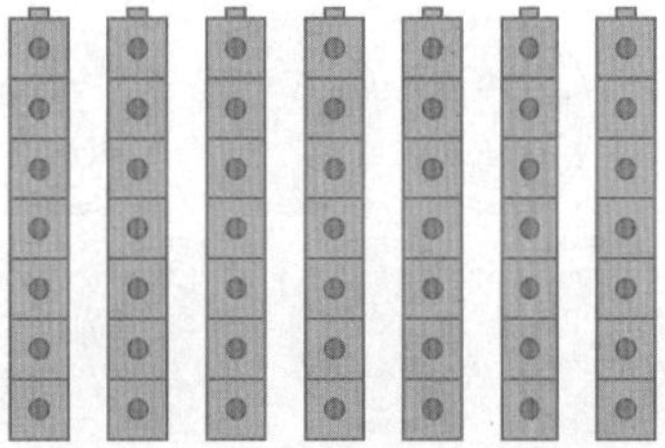

7 × 7 = ☐

❼
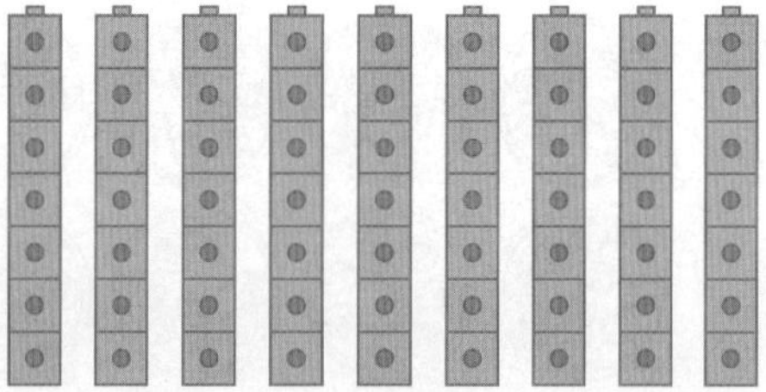

7 × 9 = ☐

❽

9 × 4 = ☐

❾

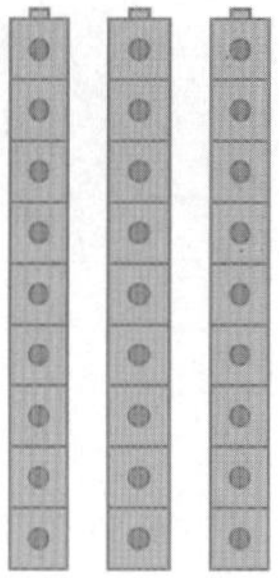

9 × 3 = ☐

❿

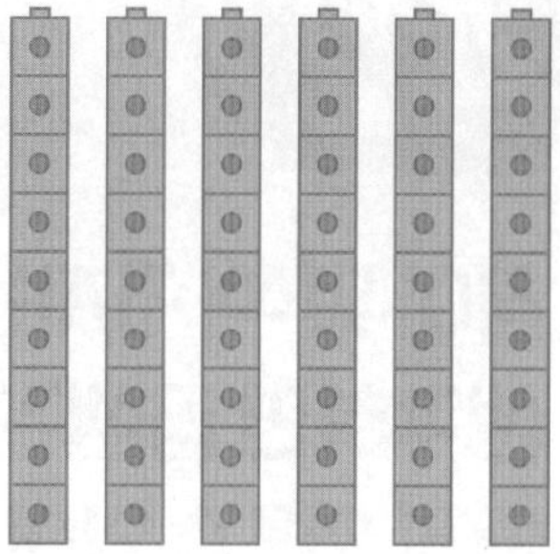

9 × 6 = ☐

⓫

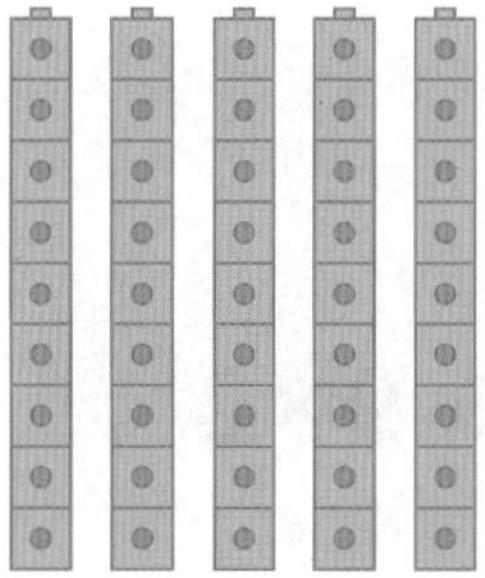

9 × 5 = ☐

⓬

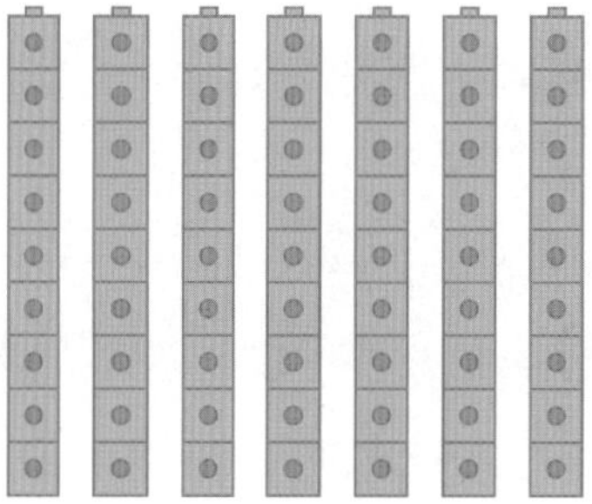

9 × 7 = ☐

⓭

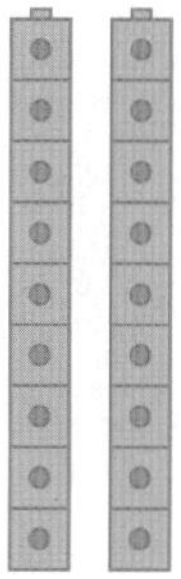

9 × 2 = ☐

⓮

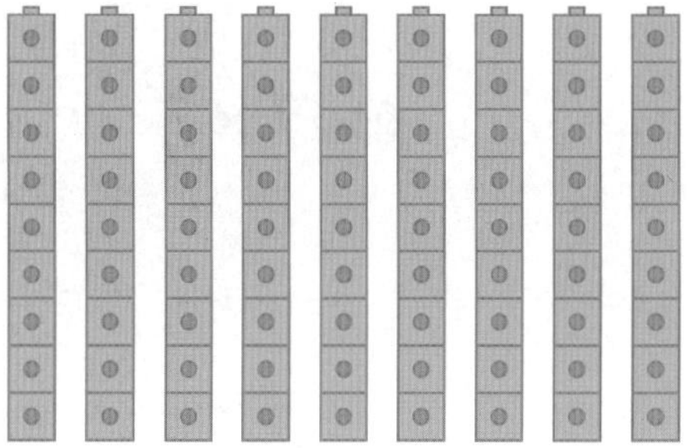

9 × 9 = ☐

⓯

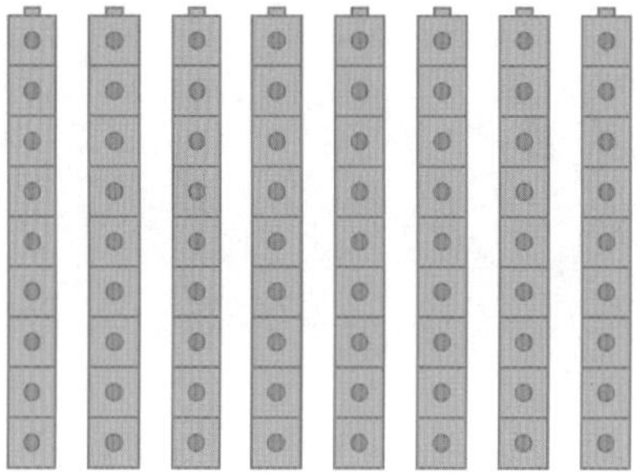

9 × 8 = ☐

공부 끝!

맞힌 개수

/15개

부모님 확인

오늘의 숫자 **28**에 색칠하세요.

Day 42

곱이 몇씩 커지는지
생각하면 곱셈구구를
쉽게 외울 수 있어.

❶ 7×6

❷ 9×6

❸ 7×1

❹ 9×5

❺ 7×9

❻ 9×3

❼ 7×8

❽ 9×9

❾ 7×7

❿ 9×2

⓫ 9×1

⓬ 7×2

⓭ 9×8

⓮ 7×3

⓯ 7×4

⓰ 9×4

⓱ 7×5

⓲ 9×7

⑲ 9×2	⑳ 7×6	㉑ 9×1	㉒ 7×8
㉓ 7×7	㉔ 9×6	㉕ 7×2	㉖ 9×5
㉗ 9×8	㉘ 7×5	㉙ 9×4	㉚ 7×3
㉛ 7×1	㉜ 9×3	㉝ 7×6	㉞ 9×9
㉟ 9×7	㊱ 7×9	㊲ 7×4	

공부 끝!

맞힌 개수

/37개

부모님 확인

오늘의 숫자 96에 색칠하세요.

월 일 /5 분

Day 43

잘 외웠는지 확인하면서 7단, 9단 곱셈구구를 비교해 보자.

❶ 9×2

❷ 9×3

❸ 9×4

❹ 7×2

❺ 7×3

❻ 7×4

❼ 9×6

❽ 7×6

❾ 9×5

❿ 7×5

⓫ 9×8

⓬ 7×8

⓭ 9×1

⓮ 7×1

⓯ 9×9

⓰ 7×9

⓱ 9×7

⓲ 7×7

⑲ 7 → ×5 → □

⑳ 9 → ×5 → □

㉑ 7 → ×8 → □

㉒ 9 → ×8 → □

㉓ 9 → ×7 → □

㉔ 7 → ×7 → □

㉕ 9 → ×6 → □

㉖ 7 → ×6 → □

㉗ 7 → ×2 → □

㉘ 9 → ×2 → □

㉙ 7 → ×4 → □

공부 끝!

맞힌 개수 /29개

부모님 확인

오늘의 숫자 **18**에 색칠하세요.

월 일 /8 분

Day 44

7단, 9단 곱셈구구를 외워 곱셈식을 완성해 보자.

❶ 7 × $\square$ = 28 (7에 몇을 곱해야 28이 될까?)

❷ 9 × $\square$ = 54

❸ 7 × $\square$ = 49

❹ 9 × $\square$ = 18

❺ 7 × $\square$ = 21

❻ 9 × $\square$ = 72

❼ 7 × $\square$ = 42

❽ 7 × $\square$ = 56

❾ 9 × $\square$ = 27

❿ 7 × $\square$ = 35

⓫ 9 × $\square$ = 81

⓬ 9 × $\square$ = 9

⓭ 7 × $\square$ = 63

⓮ 9 × $\square$ = 45

⓯ 7 × $\square$ = 14

⓰ 7 × $\square$ = 42

⓱ 9 × $\square$ = 36

⓲ 7 × $\square$ = 7

⓳ 9 × $\square$ = 63

⑳ 81 = 9 × □

㉑ 49 = 7 × □

㉒ 18 = 9 × □

㉓ 14 = 7 × □

㉔ 42 = 7 × □

㉕ 36 = 9 × □

㉖ 56 = 7 × □

㉗ 54 = 9 × □

㉘ 72 = 9 × □

㉙ 28 = 7 × □

㉚ 9 = 9 × □

㉛ 63 = 7 × □

㉜ 7 = 7 × □

㉝ 45 = 9 × □

㉞ 21 = 7 × □

㉟ 63 = 9 × □

㊱ 27 = 9 × □

㊲ 35 = 7 × □

㊳ 36 = 9 × □

공부 끝!

맞힌 개수

/38개

부모님 확인

오늘의 숫자 **44**에 색칠하세요.

부모님 확인

연산 놀이터

곱이 40보다 큰 것만 색칠하면 어떤 숫자가 나올까?

9×1	9×3	7×7	9×9	9×6	7×2
7×4	9×2	9×8	9×3	9×5	9×2
7×3	7×2	7×1	9×4	7×6	9×1
9×4	7×5	7×4	7×5	7×8	7×3

연산 실력 점검하기

범위 1단계 ~ 4단계

맞힌 개수: /45 걸린 시간: /분

01 $\begin{array}{r} 27 \\ +\ 36 \\ \hline \end{array}$

02 $\begin{array}{r} 72 \\ +\ 53 \\ \hline \end{array}$

03 $\begin{array}{r} 12 \\ +\ 96 \\ \hline \end{array}$

04 $\begin{array}{r} 15 \\ +\ 77 \\ \hline \end{array}$

05 $\begin{array}{r} 45 \\ +\ 26 \\ \hline \end{array}$

06 $\begin{array}{r} 81 \\ +\ 64 \\ \hline \end{array}$

07 38 + 29

08 64 + 45

09 48 + 28

10 35 + 83

11 19 + 65

12 $\begin{array}{r} 55 \\ +\ 59 \\ \hline \end{array}$

13 $\begin{array}{r} 46 \\ +\ 86 \\ \hline \end{array}$

14 $\begin{array}{r} 84 \\ +\ 17 \\ \hline \end{array}$

15 $\begin{array}{r} 37 \\ +\ 98 \\ \hline \end{array}$

16 $\begin{array}{r} 38 \\ +\ 62 \\ \hline \end{array}$

17 $\begin{array}{r} 69 \\ +\ 74 \\ \hline \end{array}$

18 78 + 49

19 97 + 54

20 65 + 55

21 89 + 79

22 98 + 18

23
$$\begin{array}{r} 85 \\ -\ 47 \\ \hline \end{array}$$

24
$$\begin{array}{r} 32 \\ -\ 19 \\ \hline \end{array}$$

25
$$\begin{array}{r} 93 \\ -\ 66 \\ \hline \end{array}$$

26
$$\begin{array}{r} 61 \\ -\ 33 \\ \hline \end{array}$$

27
$$\begin{array}{r} 74 \\ -\ 65 \\ \hline \end{array}$$

28
$$\begin{array}{r} 78 \\ -\ 29 \\ \hline \end{array}$$

29 81 - 25

30 95 - 76

31 53 - 28

32 40 - 33

33 92 - 44

34 25 + ☐ = 64

35 60 + ☐ = 71

36 46 + ☐ = 82

37 ☐ + 18 = 70

38 ☐ + 84 = 99

39 ☐ + 49 = 57

40 68 - ☐ = 28

41 42 - ☐ = 35

42 97 - ☐ = 21

43 ☐ - 39 = 39

44 ☐ - 48 = 26

45 ☐ - 16 = 23

연산 7 실력 점검하기

범위 5단계 ~ 9단계

맞힌 개수: /52 걸린 시간: /분

01 $7 + 7 + 7 + 7 = \square$

→ $\square \times \square = \square$

02 $6 + 6 = \square$

→ $\square \times \square = \square$

03 $4 + 4 + 4 + 4 + 4 + 4 = \square$

→ $\square \times \square = \square$

04 $9 + 9 + 9 = \square$

→ $\square \times \square = \square$

05 $3 + 3 + 3 + 3 + 3 = \square$

→ $\square \times \square = \square$

06 5×4

$= 5 +$ ____________________

$= \square$

07 2×7

$= 2 +$ ____________________

$= \square$

08 8×8

$= 8 +$ ____________________

$= \square$

09 2×3

10 5×2

11 5×6

12 2×7

13 2×8

14 5×9

15 5×5

16 2×9

17 $2 \times \square = 12$

18 $5 \times \square = 35$

19 $2 \times \square = 8$

20 3×7

21 6×8

22 6×5

23 3×2

24 3×4

25 6×1

26 6×9

27 3×6

28 $6 \times \square = 36$

29 $3 \times \square = 15$

30 $6 \times \square = 42$

31 4×7

32 8×9

33 8×6

34 4×4

35 4×3

36 8×2

37 8×7

38 4×5

39 $4 \times \square = 8$

40 $8 \times \square = 40$

41 $4 \times \square = 32$

42 7×7

43 9×5

44 9×4

45 7×9

46 7×3

47 9×1

48 9×8

49 7×6

50 $9 \times \square = 81$

51 $7 \times \square = 14$

52 $9 \times \square = 54$

연산 7 실력 점검하기

범위 1단계 ~ 9단계

맞힌 개수: /47　걸린 시간: /분

01
$$\begin{array}{r} 38 \\ +\ 13 \\ \hline \end{array}$$

02
$$\begin{array}{r} 57 \\ -\ 28 \\ \hline \end{array}$$

03
$$\begin{array}{r} 86 \\ -\ 59 \\ \hline \end{array}$$

04
$$\begin{array}{r} 95 \\ +\ 22 \\ \hline \end{array}$$

05
$$\begin{array}{r} 74 \\ +\ 39 \\ \hline \end{array}$$

06
$$\begin{array}{r} 43 \\ -\ 36 \\ \hline \end{array}$$

07
$$\begin{array}{r} 65 \\ -\ 17 \\ \hline \end{array}$$

08
$$\begin{array}{r} 86 \\ +\ 44 \\ \hline \end{array}$$

09 36 + 66

10 50 - 24

11 23 + 85

12 72 - 43

13 55 + 78

14 81 - 19

15 97 + 47

16 64 - 56

17 □ + 19 = 67

18 25 + □ = 42

19 □ + 65 = 88

20 63 - □ = 29

21 □ - 54 = 16

22 44 - □ = 35

23 $5 + 5 + 5 + 5 + 5 = \square$

→ $\square \times \square = \square$

24 $4 + 4 + 4 + 4 = \square$

→ $\square \times \square = \square$

25 $8 + 8 + 8 + 8 + 8 + 8 = \square$

→ $\square \times \square = \square$

26 3×8

$= 3 +$ ______

$= \square$

27 9×5

$= 9 +$ ______

$= \square$

28 5×8

29 2×4

30 9×3

31 7×2

32 4×7

33 6×3

34 3×8

35 8×8

36 2×5

37 7×1

38 6×4

39 9×7

40 $4 \times \square = 24$

41 $18 = 9 \times \square$

42 $3 \times \square = 27$

43 $54 = 6 \times \square$

44 $5 \times \square = 15$

45 $14 = 2 \times \square$

46 $8 \times \square = 32$

47 $56 = 7 \times \square$